U0260636

BBC 宇宙三部曲

宇宙起源

大爆炸始末

[英] 保罗·帕森斯（Paul Parsons） 著
蒋云 陈维 译

江苏凤凰科学技术出版社
·南京·

图书在版编目（CIP）数据

宇宙起源：大爆炸始末 /（英）保罗·帕森斯著；蒋云，陈维译．-- 南京：江苏凤凰科学技术出版社，2020.7（2024.1 重印）
（BBC 宇宙三部曲）
ISBN 978-7-5713-1052-3

Ⅰ．①宇… Ⅱ．①保… ②蒋… ③陈… Ⅲ．①宇宙－起源－普及读物 Ⅳ．① P159.3-49

中国版本图书馆 CIP 数据核字 (2020) 第 044093 号

宇宙起源：大爆炸始末

著　　者	［英］保罗·帕森斯（Paul Parsons）
译　　者	蒋　云　陈　维
责任编辑	沙玲玲
助理编辑	汪玲娟
责任校对	仲　敏
责任监制	刘文洋
出版发行	江苏凤凰科学技术出版社
出版社地址	南京市湖南路 1 号 A 楼，邮编：210009
出版社网址	http://www.pspress.cn
印　　刷	南京新世纪联盟印务有限公司
开　　本	787 mm × 889 mm　1/16
印　　张	6
字　　数	106 000
插　　页	4
版　　次	2020 年 7 月第 1 版
印　　次	2024 年 1 月第 8 次印刷
标准书号	ISBN 978-7-5713-1052-3
定　　价	68.00 元（精）

图书如有印装质量问题，可随时向我社印务部调换。

The Big Bang

Paul Parsons

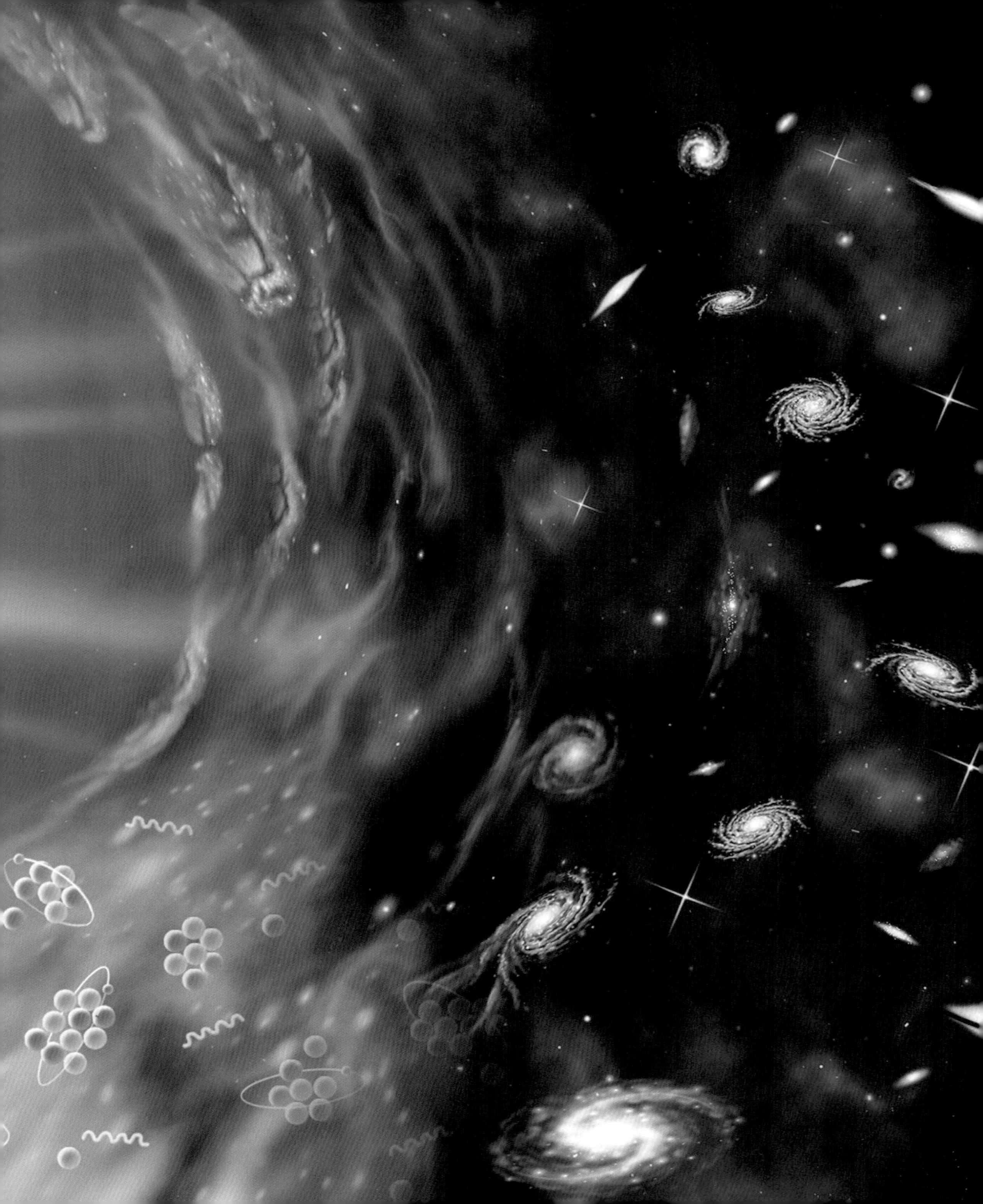

目录 Contents

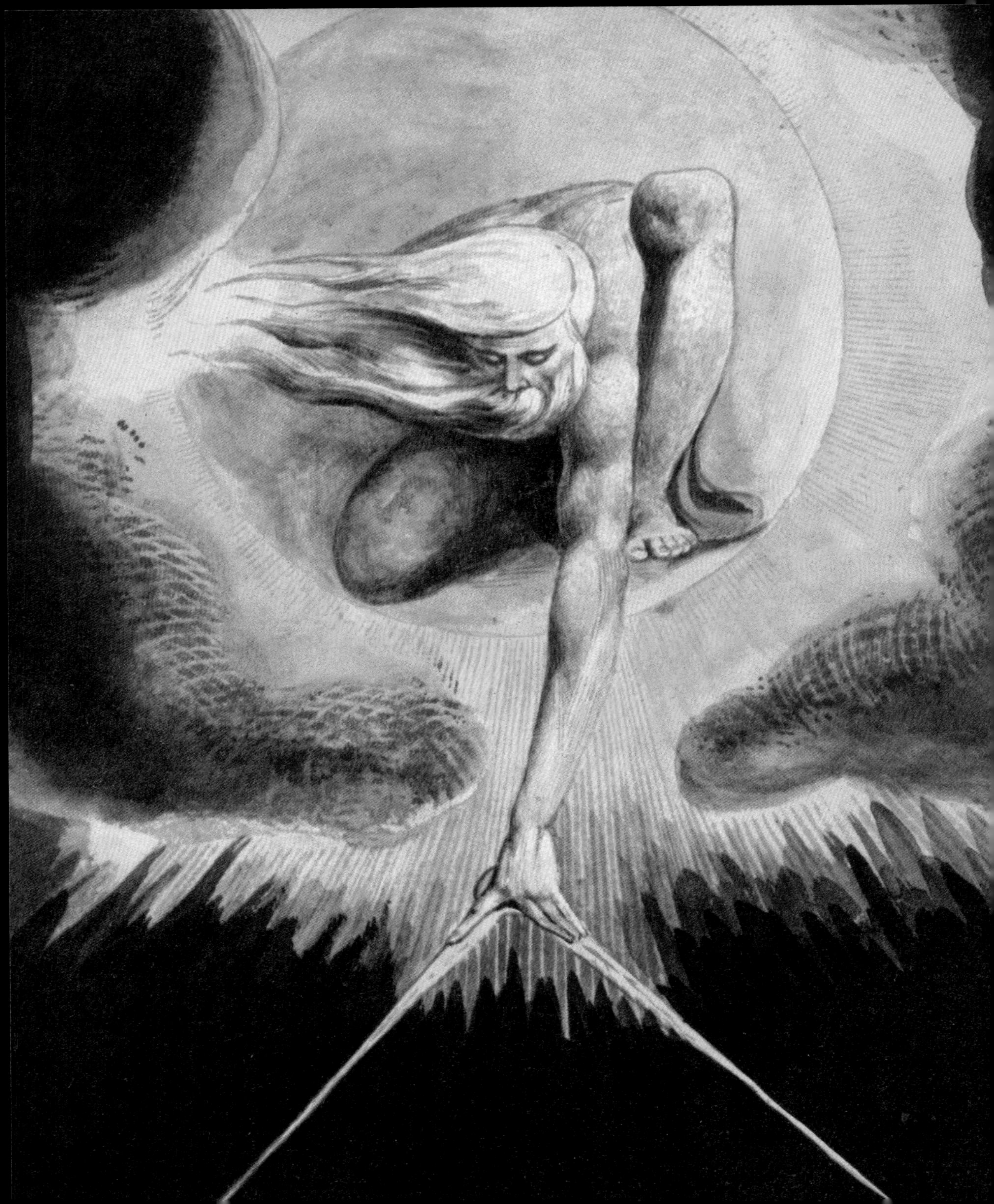

1

IN THE BEGINNING

追本溯源

1 追本溯源

假如你有耐心一天一页地翻阅宇宙日历，在翻了大约55 000亿页之后，回到了大约138亿[1]年前，你最终将回到一个非常特殊的日子：我们宇宙诞生的那一天。在那一天里，没有任何预警，也不需要特别的缘由，物质、辐射、空间以及时间在一个灼热的火球中突然迸发出来，这便是宇宙大爆炸。随着火球的膨胀和冷却，星系和恒星开始凝聚成型。在其中一些恒星周围，还形成了行星。至少在一颗行星上，化学过程产生了我们所说的生命。但是，我们对宇宙起源这幅图景的认识并不总是那么清晰。中国的古人相信，宇宙始于一片混沌，进而分开演化形成天和地。其他一些古文明则认为，宇宙是由神或神话生物的身体部分组成的。

P6图：宇宙起源于138亿年前。几个世纪以来，关于宇宙如何诞生的问题，一直困扰着科学家和哲学家们。这幅油画，名为“永恒之神”（*The Ancient of Days*），由威廉·布莱克（William Blake，1757—1827）创作。

宇宙学的诞生

早期的宇宙观，与宗教息息相关。古代中国人相信，我们的宇宙最初是一片无形的、抽象的云。那些纯净而清澈的部分上升变成天空，那些厚重而混浊的部分下沉形成大地[2]。中国古人认为，天上的纯净物质比混浊的尘世更容易融合在一起。因此，早在地球诞生之前，天空就已经存在了。

早期的宇宙观甚至可以追溯到更早，约公元前 12 世纪，美索不达米亚人相信是马杜克神（Marduk）劈开了原始母亲提阿马特（Tiamat）的身体，一半形成了地球，另一半形成了天空。另一方面，波利尼西亚神话讲述了塔阿若阿（Ta-aroa）神是如何从一个宇宙蛋中孵化出来的，并通过他自己和蛋壳创造了世界。

即使在今天，一些基督教的追随者仍然相信，天堂和地球——也就是我们所说的宇宙，是上帝在七天内创造出来的。每一种文化都孕育了自己的宗教信仰，每一种文化都对宇宙的诞生有不同的解释。那么，我们该相信哪一个呢？

新的信仰

一般来说，信徒接受上文提到的观点是基于信仰而不是理性思维。如此一来，任何人都可以编造这样一个关于宇宙及其起源的神话，而不必验证它是否符合客观事实。为了弄清真相，我们需要一种基于理性和逻辑的思维方法。它应该让我们构建关于宇宙的理论，然后我们

右图：**中国是精通天文学最古老的国家之一。中国现存最早的浑天仪制造于明朝，陈列在南京紫金山天文台。**

可以通过理论预期和实际观测的对比来验证这些理论。事实上，我们已经有了这样一个方法：它被称为科学。

从历史记载来看，世界上第一位科学家是米利都（Miletus）的泰勒斯（Thales）。公元前 6 世纪到公元前 7 世纪，泰勒斯生活在位于安吉尔海东岸的爱奥尼亚（小亚细亚西岸地名，古代希腊的殖民地）。爱奥尼亚人是一个务实的民族，这一特点不仅体现在他们的劳动人民身上，而且也体现在那些有思想的学者身上。爱奥尼亚的学者们对他们周围的世界进行观察探索、细心钻研，试图找出它的本原和运作原理。

泰勒斯不相信天地是由神秘莫测的神所创造的这一想法。相反，他认为宇宙是由自然力量塑造的，并相信人类有能力去理解这些自然力量。他早期的一个理论认为，宇宙是一个巨大的海洋，上面漂浮着一个圆盘，那就是地球。这个理论本质上可以称得上是宇宙学的第一个科学理论，泰勒斯利用这个理论成功地解释了地震现象。

当然，这个理论在今天看来也是错误的。如今，先进的航天器和强大的望远镜传回的图像可以立刻向我们显示，宇宙并非由水组成，地球也不是一个圆盘。泰勒斯那时只是缺乏进行此类天文观测的技术。尽管如此，他的推理系统，即比较理论与观测的科学实验方法是可靠合理的。事实上，我们目前对宇宙的理解仍依赖于这样的推理。

上图：米利都的泰勒斯提出第一个宇宙学理论：地球是一个平坦的岛屿，漂浮在一片无垠汪洋的浩瀚宇宙之中，被空气和火焰所包围。

下图：伽利略·伽利莱（1564 — 1642），意大利物理学家和天文学家，正是他的天文观测引发了人们对宇宙的现代认识。

砥砺前行

泰勒斯时代过去大约 2 000 年后，现代宇宙学初现雏形。1576 年，英国天文学家和数学家托马斯 · 迪格斯（Thomas Digges）认为宇宙是无限的，而像太阳这样的恒星则均匀分布于宇宙之中。这个观点尽管有失偏颇，但对于那个时代而言已是巨大的进步。那时普遍存在的观点认为，恒星是分布在一个以地球为中心、太阳系边缘为面的巨大晶体球上。

如果说迪格斯是水晶球理论的第一个开创者，那么最终打破这一理论的是意大利天文学家伽利略。在迪格斯的理论提出仅半个世纪之后，伽利略注意到，透过望远镜观测到的星星要比肉眼看到的多。虽然他所看到的一些新的星星本质上肯定更暗，但他推断，那些恒星之所以更暗，只是因为它们离我们更远。换句话说，星星，并非全部像水晶球理论认为的那样，与地球距离都相同。

大约在同一时间，伽利略发表了对金星的望远镜观测结果，引起了更大的轰动。这些观测结果显示金星具有类似月亮的相位变化，这种模式也清楚地证明了金星是围绕太阳而不是地球运行的。这无疑支持了波兰天文学家尼古拉斯 · 哥白尼（Nicolaus Copernicus）当时提出的具有争议（但仍然正确）的观点，即整个太阳系实际上是围绕太阳运转的。

1750 年，英国自然哲学家托马斯 · 赖特

天球的音乐

古希腊哲学家亚里士多德（公元前 384—公元前 322，右图）认为，宇宙是由许多相互嵌套的水晶球组成的，就像洋葱的圈层一样。“洋葱”的中心是地球。太阳系中的每一个天体，包括太阳和其他行星，都拥有自己的球体。每个球体都是独立旋转的，这使得天体在它们各自的轨道上穿越天空。最外层的球体应该容纳着遥远的恒星，因此代表着宇宙的边缘。

亚里士多德认为，宇宙内部的一切都是由四种基本元素——土壤、空气、火和水构成的；但其遥远边界上的恒星是由“第五元素”构成的，这种元素被称为“精质”（quintessence）。

P12–13 图

昴宿星团（Pleiades），一个距离地球约 400 光年的星团，大约具有 5 000 万年的历史。

上图

1543 年，尼古拉斯·哥白尼用这幅行星和黄道十二宫环绕太阳的图片挑战了传统观点。

右页图

《宇宙起源理论》（托马斯·赖特著，1750 年）中的一幅图像。他最早提议银河系恒星盘的说法。

（Thomas Wright）以伽利略的发现为基础，提出恒星遍布天空的观点。

他认为银河系——那条在黑暗的夜晚里清晰可见、横跨星空的亮带，其实是一个恒星盘，而我们的太阳和太阳系就镶嵌在这个圆盘中。这基本上就是我们现在所知道的银河系。赖特甚至提出，太空中可能布满其他类似的恒星系统和星系。但直到 20 世纪 30 年代，这一观点才得到证实。在此之前，许多天文学家认为，银河系如同一座孤立的恒星岛屿，矗立在巨大而虚无的宇宙中。

银河系之外

关于银河系外存在天体的第一批证据是天文学家在研究彗星时发现的。彗星是漫游在我们太阳系中的冰冻天体，这是一个与宇宙学相去甚远的研究领域。当彗星接近太阳时，它的表面物质被蒸发，形成一团蒸汽，经过太阳光的反射，在天空中形成一片模糊的发光区域。彗星猎人会在天空中搜寻这些模糊的斑点，然后观察每个斑点的位置和亮度是如何随着彗星接近或远离太阳而变化的。

但在 18 世纪，一些天文学家开始发现一种彗星状的模糊物体，它们似乎没有位置移动或亮度变化。这些物体后来被称为星云（nebulas），源于拉丁语“云”。1760—1784

☆ 英国皇家天文学家马丁·里斯（Martin Rees）爵士认为，现在我们所知的宇宙的历史比地球的地质史更精确。

年间，法国彗星猎人查尔斯·梅西耶（Charles Messier）首次对这些星云进行了分类。最初有 103 个梅西耶天体[3]（现在已经增加到 110 个），以它们特有的“M”编号加数字来命名，这些编号至今仍在使用。

在 19 世纪 60 年代，天文学家揭开了星云的真实面貌。他们运用光谱学的新技术，把

☆ 早期的一种观点认为遥远的星云可能就是银河系之外一种完整的恒星系统，18 世纪德国哲学家伊曼努尔·康德（Immanuel Kant）就是此观点的追随者。

右图：旋涡星系 M83，是法国天文学家查尔斯·梅西耶（1730—1817）最早发现并分类的 103 个天体之一。M83 距离地球约 2 000 万光年，它的大小和形状与我们的银河系非常相似。

左图：德国物理学家约瑟夫·冯·弗劳恩霍夫（1787—1826）展示了一台早期的光谱仪。它的发明使得天文学家能够说出遥远的天体是由什么构成的——这是讲述宇宙故事的重要线索。

光分解成按不同颜色排列的光谱，并分别测量它们的亮度。每种化学元素发出的光谱都有其对应的明线（发射光谱）和暗线（吸收光谱）特征。天文学家通过识别分析天体发出的光谱特征，就可以计算出该天体的化学成分。

当他们分析星云的光谱特征时，发现有些星云的光谱与氢气发出的光谱相匹配，因此它们只不过是一种星际气体云。但是，更多的星云光谱则类似于较复杂的恒星光谱。大约有三分之二的星云属于后一类，所以这些星云应该是恒星群。许多恒星群还呈现出错综复杂的旋涡结构，因此被命名为“旋涡星云”。问题是：这些恒星系统是在银河系之内还是之外？

银河系探秘

对于这个问题，天文学家的答案也是众说纷纭，一些人发现，我们银河系圆盘平面上的星云似乎比天空中其他地方的星云要少。他们认为，这暗示着星云和银河系之间的一种因果关系，表明星云就在附近。

另一方面，一些天文学家引用了超新星（恒星爆发的一种）的观测结果作为证据，证明星云一定离我们更远。所有的超新星都具有大致相同的本征亮度。因此，如果你在天空中发现一颗正在爆发的超新星，并测量其表观亮度，则可以计算出它的光线随距离变暗的程度，并以此计算出它离我们有多远。

★ 1900年，科尼利厄斯·伊斯顿（Cornelius Easton）首次提出银河系可能具有旋涡状结构，就像旋涡星云一样。

1917年，天文学家在一个被叫作仙女座的旋涡星云中发现了4颗非常暗淡（因此也非常遥远）的超新星。它们看起来非常模糊，以至于天文学家认为仙女座在距离地球大约1 000万光年的地方（1光年是光以每秒300 000千米的速度在1年内传播的距离）。相比之下，在1918年，美国天文学家哈洛·沙普利（Harlow Shapley）推断银河系的圆盘直径约为10万光年——这表明仙女座位于银河系之外。

上图：仙女座星系M31是离我们最近的星系，对于确定整个宇宙的距离尺度起着至关重要的作用。

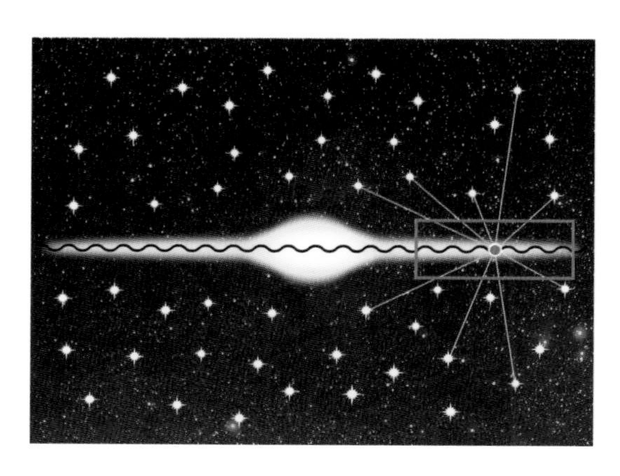

右图：哈洛·沙普利（Harlow Shapley）计算了球状星团（圆点所示）的距离，推断太阳（右边的红色圆点）的位置偏离银河系的中心，但银河系平面上的尘埃将其中心隐藏在我们的视线之外。

美国天文学家埃德温·哈勃（Edwin Hubble）最终结束了这场争论。1919 年至 1924 年间，哈勃利用位于加州威尔逊山的 2.5 米胡克望远镜（Hooker Telescope），对仙女座星云和另一个被称为三角座星云的恒星群进行了详细地观测，试图在星云中搜寻一种被称为造父变星的特殊类型恒星。

第一颗造父变星——仙王座 δ（中文名“造父一”），于 1784 年被发现。造父变星 [4] 的特别之处在于它们的亮度在几天到几周内有规律地变化。1912 年，美国天文学家亨丽埃塔·莱维特（Henrietta Leavitt）发现造父变星的光变周期与其本征亮度的平均值有关。

上图：埃德温·哈勃发现宇宙正在膨胀，这一发现表明宇宙诞生时处于一种高温致密状态（后来被称为大爆炸）。

右图：首颗发现的造父变星是仙王座 δ。哈勃通过观察一种被称为造父变星的变星来测量附近星系的距离。

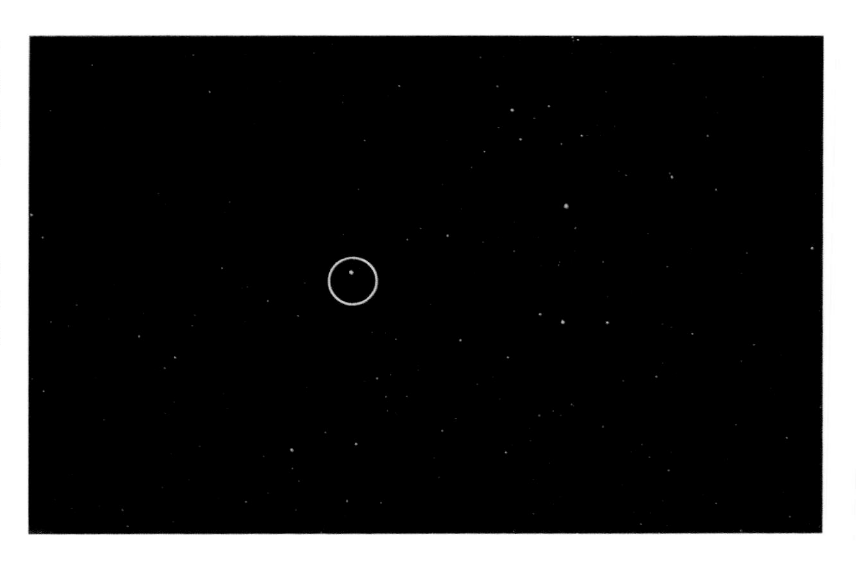

上图：埃德温·哈勃在叶凯士天文台（Yerkes Observatory），口径 1 米的叶凯士望远镜，至今仍是世界上最大的折射望远镜[5]。

右图：叶凯士天文台，哈勃在那里接受天文学家的培训。

埃德温·哈勃——拳击手、律师和天文学家

作为天文学家，埃德温·哈勃（1889—1953）为人所知是因为他发现宇宙正在膨胀，事实上他还是一个多才多艺的人。1911 年，他在芝加哥大学获得他的第一个学位——法学学位。作为一名罗兹奖学金（Rhodes Scholar）获得者，他去牛津大学继续攻读法律。在那里，他还是一名出色的业余拳击手，甚至有机会转成职业拳击手，但他拒绝了。哈勃对天文学的兴趣是在芝加哥学习时开始的。1914 年，在肯塔基州短暂地从事法律工作后，他开始在芝加哥附近的叶凯士天文台（Yerkes Observatory）担任助理一职。他在那里的工作使他在 1917 年获得了天文学博士学位。第一次世界大战期间，哈勃在美国步兵部队服役了一段时间。1919 年，他进入加利福尼亚州威尔逊山天文台（Mount Wilson Observatory）工作，在那里有了后来开创性的科研成就，并因而成名。

左图：亨丽埃塔·莱维特发现造父变星的亮度与其光变周期之间存在相关性。

右图：维斯托·斯利弗（Vesto Slipher）指出，许多遥远星系的光谱发生了红移，因此它们一定正在远离我们。

莱维特的这一发现对天文学家试图了解宇宙距离尺度至关重要。现在，他们要测量一个旋涡星云的距离，只需要在星云中找到一颗造父变星，测量它的表观亮度和光变周期。正如莱维特所建立的学说，造父变星的光变周期揭示了恒星的本征亮度。将光变周期与表观亮度进行比较，可以计算出来自该恒星的光线随着距离变暗了多少，从而推测它离我们有多远。这正是哈勃所做的工作。他的发现毫无疑问地表明，仙女座星云和三角座星云远在银河系之外。他得出的结论是，旋涡状星云是类似银河系的恒星星系，但距离我们数十万光年。

膨胀的宇宙

解决宇宙距离的争论是哈勃早期对我们理解宇宙的贡献之一，他的这一研究成果也迅速成为有史以来最重要的宇宙学发现之一。

哈勃的这一重大发现拓展了维斯托·斯利弗的工作，斯利弗是亚利桑那州洛厄尔天文台（Lowell Observatory）的一名天文学家。

1912—1925 年间，斯利弗研究了旋涡星云，特别研究了每个星云光谱中特有的明线和暗线。他发现他所观测的 45 个星云中，有 43 个星云的光谱发生了红移。这意味着光谱的模式依然存在，但是它的颜色已变得比正常情况更红。

红移是由一种叫作多普勒效应的现象引起的，这也解释了当一辆救护车经过你身边时，为什么它的警笛的音调会变低。救护车在远离你的运动时将警报器的声波扩展到较低的频率，同样的事情也发生在旋涡星云的光谱

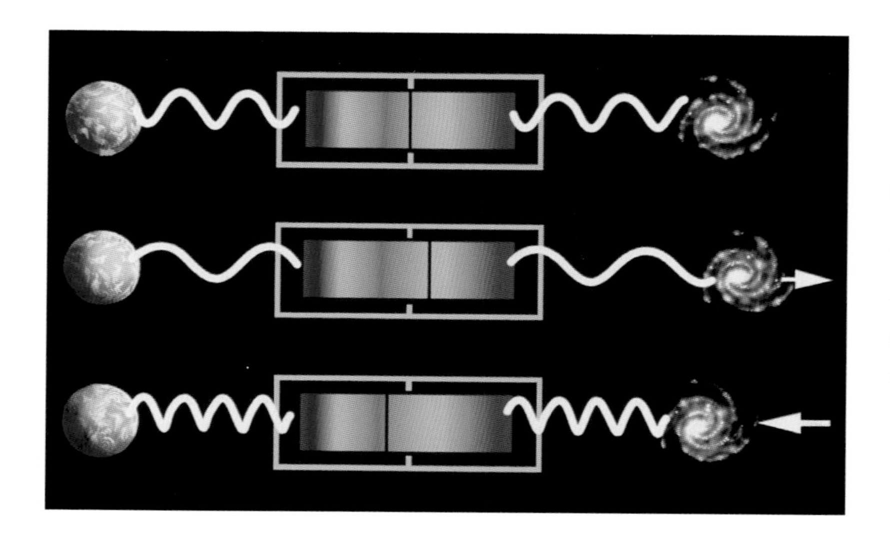

左图：天体发出的光的颜色通常会向光谱的蓝端或红端移动，这取决于天体是在朝向地球还是远离地球移动。

下图：哈勃定律指出，由于宇宙膨胀，距离越远的星系退行速度也越快，因此它的红移就越大。

中。恒星发出的光被拉伸并向光谱的低频红端移动。是什么原因呢？这是因为星云正在远离我们，就像宇宙中背离我们行驶的救护车一样，声音越来越低。

哈勃和他的助手弥尔顿·休马森（Milton Humason）用造父变星的方法获得了斯利弗星云（现在已知是独立的星系）的距离。1929年，他们发现每个星系的红移只是其距离乘以一个常数。这个数字被称为哈勃常数，揭示了距离和红移之间的关系，我们称之为哈勃定律。

由于多普勒效应将星系的红移与星系的运动速度联系起来，哈勃的距离－红移定律就等同于距离－速度定律：即星系离我们的距离越远，它远离我们的速度就越快。换言之，宇宙正在膨胀！

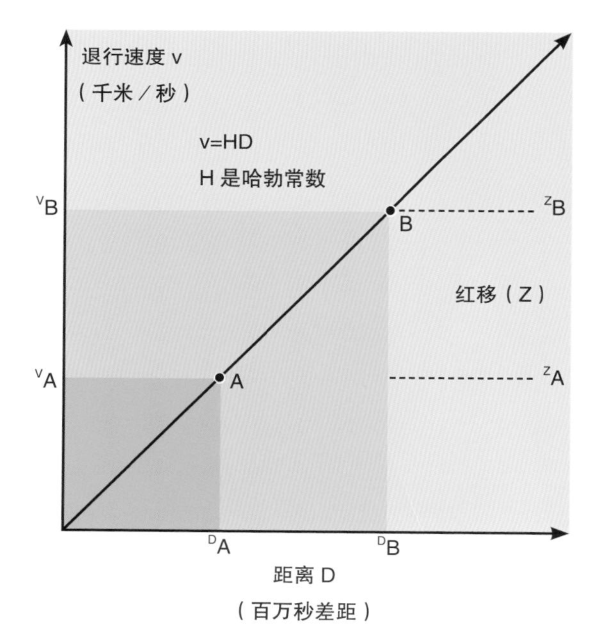

成果初现

科学证据无疑已经表明，宇宙正在变得越来越大。现在轮到天体物理学家们来找出原因了，他们要提出一种理论来解释不断膨胀的宇宙。然而，当哈勃和休马森在 1929 年完成他们的发现时，有一个这样的理论已经存在了，并且存在了 14 年。这便是爱因斯坦的广义相对论。

广义相对论是一种新的引力理论，取代了艾萨克 · 牛顿早期的观点。爱因斯坦相信空间和时间并非亘古不变，而是一种灵活多变的实体。他构建了一组复杂的数学方程式，将它们的可变性与所包含的物质联系起来。根据这一理论，引力场中运动的物体遵循弯曲的轨迹，仅仅是由于空间和时间本身是弯曲的。因此，我们通常认为引力作用下的物体在平面空间中的运动将沿着一条弯曲的路径（譬如一个抛向空中的球的轨迹）。但相对论却认为，这个球

空无一物的空间是平坦的，因此光束沿直线传播。

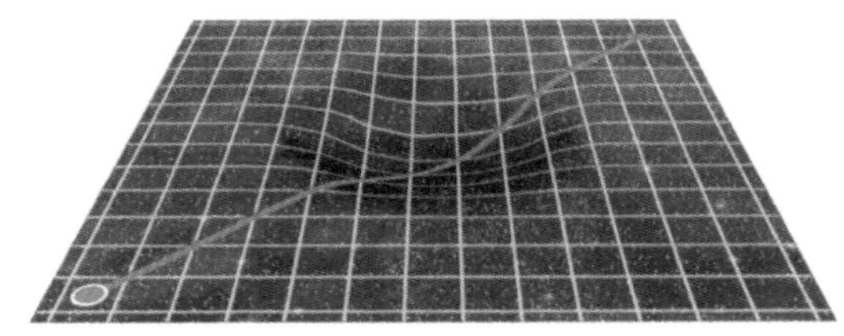

诸如恒星之类的重物的存在会使空间扭曲，从而光束的路径也会弯曲。

☆ 阿尔伯特·爱因斯坦曾经说过：“宇宙中最不可理解的事情就是它是可以被理解的。”

在弯曲空间中实际上是沿着直线运动。我们可以把空间类比成蹦床的表面，当弹珠滚过蹦床时，弹珠会沿着直线运动。但是如果把一个巨大的物体比如炮弹放在蹦床上，它会产生一个巨大的凹陷，弹珠将沿着弯曲的路径运动。

这一现象的一个重要结论是，引力不仅影响到大质量天体，而且也会影响光束。该理论预测，当光束靠近一个大质量天体时会发生偏转。1919 年，在一次日全食期间，这一预测得到了证实。由于太阳的强光被月球遮住，天文学家可以拍摄到太阳边缘（即太阳圆盘边缘）上的恒星，发现那些恒星的位置发生了微小的变化，似乎恒星发出的光线被太阳的引力弯曲了一样。自那以后，广义相对论就不断经受其他考验并一一通过，从而奠定了最好的引力理论的地位。

百家争鸣

整个宇宙完全由引力控制，因此广义相对论的发现是宇宙学的一个里程碑式的突破。这一理论发表后不久，爱因斯坦本人就试图用它来建立一个描述宇宙的数学模型。

左页图・上：**1915 年，爱因斯坦提出了广义相对论，为大爆炸理论奠定了数学基础。**

左页图・下：**广义相对论把引力归因于空间和时间的曲率。大质量天体使它们附近的时空发生扭曲。**

右图：**1919 年，日全食观测证明，来自遥远恒星的光线在接近太阳时发生弯曲，证明了广义相对论的正确性。**

然而，这是在 1917 年，宇宙膨胀还未被发现，当时流行的观点是宇宙是静态而永恒的。因此，当广义相对论实际上预测宇宙应该膨胀或者收缩时，爱因斯坦不仅否定了这样的结论，还试图寻找修改理论的方法，使其与静态宇宙理论一致。

不过并不是所有人都那么容易被吓倒。1927 年，比利时天文学家和宇宙学家乔治·勒迈特（Georges Lemaitre）发表了一个解决爱因斯坦方程的方案，该方案可以描述一系列宇宙膨胀的行为和结果。在天文学家正式发现宇宙膨胀之前，勒迈特发现他的解决方案与斯莱弗的星系红移观测结果非常吻合。尽管其他人也得到了同样的结果，但是勒迈特首先意识到这个结果意味着什么。

他认为，随着时间的流逝，如果星系间的

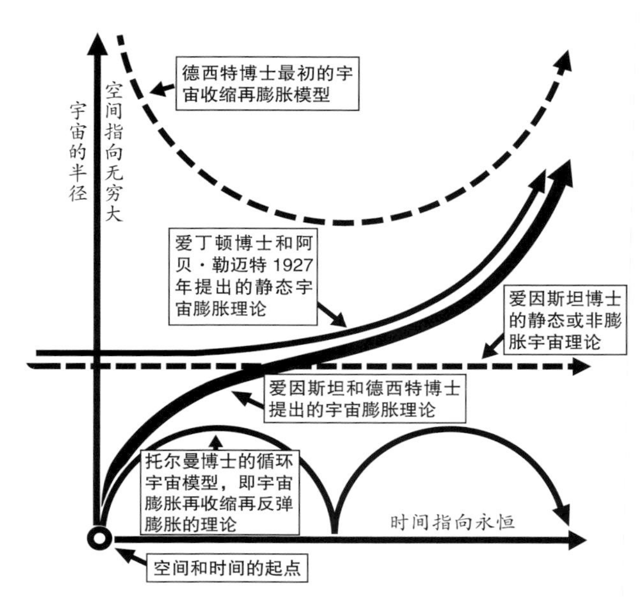

上图：1927 年，乔治·勒迈特提出的再坍塌、加速膨胀以及振荡的宇宙模型示意图。

古老的宇宙

埃德温·哈勃的宇宙膨胀定律认为，任何星系退行的速度等于它到我们银河系的距离乘以一个常数，这个常数被称为哈勃常数，通常用字母 H 表示。通过测量星系距离和退行速度，就可以测量出 H 值。哈勃常数可以告诉天文学家星系彼此分开的速度有多快，使他们能够计算出自宇宙大爆炸以来已经过去了多少时间，这便是宇宙的年龄。观测表明哈勃常数约为 60（千米 / 秒）/Mpc（Mpc，即 million parsecs，百万秒差距，表示天体间距离的单位，每个秒差距等于 3.26 光年），即在每增加约 300 万光年的距离上（或每过 300 万年），星系远离地球的速度增大 60 千米 / 秒。据此推算出，宇宙的年龄大约为 138 亿年。

左图：阿瑟·爱丁顿爵士将勒迈特的研究结果发表在《皇家天文学会月刊》上。

右图：弗雷德·霍伊尔爵士是宇宙大爆炸理论的强烈反对者。讽刺的是，正是他给该理论起了这个名字。

距离越来越远，那么在过去它们一定挨得很近。如果将时光倒流，你就会回到星系交叠的时代。

继续往回走，你就会到达一个点，宇宙中的所有物质都被压缩成一个小而炽热的致密球体，勒迈特把这个球体称为“原始原子”。他设想，当这个原子约为 30 倍太阳尺度大小时会自发爆炸，此时宇宙便诞生了。随着爆炸的发生，物质和辐射开始向外喷射，支撑它们的空间和时间也随即开始。

家喻户晓

当英国天体物理学家阿瑟·爱丁顿爵士得知勒迈特的研究结果时，他立刻意识到它的重要性。与此同时，哈勃和休马森宣布了他们对宇宙膨胀的观测结果。勒迈特最初的研究结果只是发表在一本不知名的比利时杂志上。于是，阿瑟·爱丁顿爵士安排将勒迈特的研究结果发表在 1931 年英国的《皇家天文学会月刊》上。

勒迈特的宇宙观是目前所知最早的宇宙学理论。该理论在整个 20 世纪 30 年代和 40 年代得到了进一步的发展，并将其研究范围扩展到宇宙形成最初的时期，即最小最热最致密的宇宙“种子”时期。

这幅大胆的宇宙新图景的名字（大爆炸）是在 20 世纪 40 年代提出的。颇具讽刺意味的是，这个名字是这个理论的主要反对者之一弗雷德·霍伊尔爵士提出的。作为一名英国天文学家，他当时在剑桥大学工作。霍伊尔不相信宇宙是在那样的情况下诞生的，于是戏称为“大爆炸”。然而，这个名字一直流传至今。

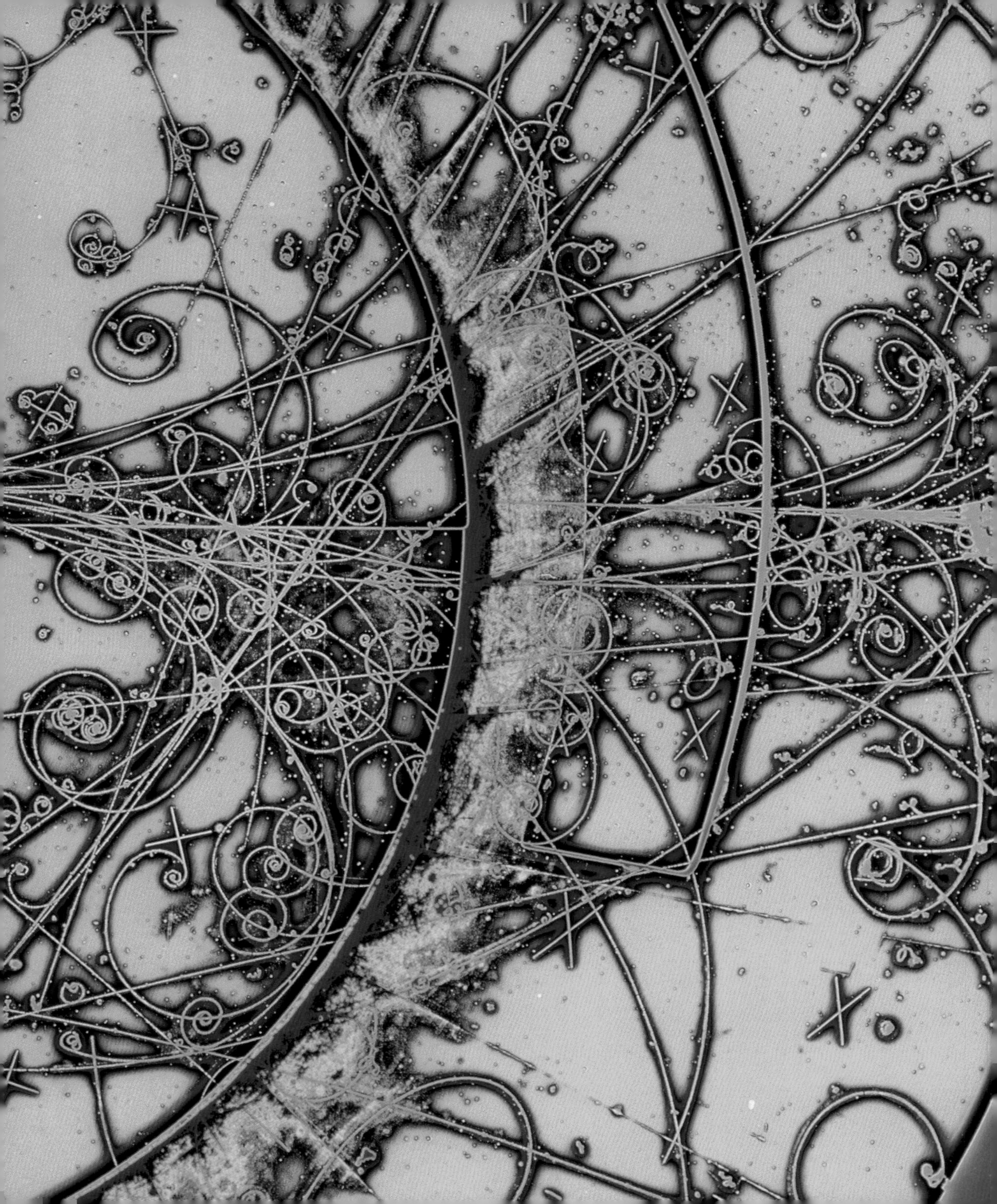

2

THE MODERN UNIVERSE

现代宇宙

2 现代宇宙

有了大爆炸理论的基础，宇宙学家就开始为该理论补充细节了。他们不禁意识到，把膨胀的空间倒推到过去，意味着如今浩瀚的宇宙一定是开始于一个非常微小的点。于是科学家们转向微观世界科学——量子物理学，来解释它是如何工作的。尽管量子物理学能告诉他们很多关于宇宙非常早期的事情，但仍有一个尤其令人讨厌的问题始终困扰着科学家，那就是正如大爆炸理论所暗示的那样，数以亿计的恒星和星系是如何从无到有地诞生出来的呢？量子物理学也在致力寻找这个问题的答案。这会使科学家们对我们的宇宙起源问题产生一些奇异的可能性选择：宇宙确实可能是从无到有形成的，并且在它最初的时刻，它的各个部分相互膨胀的速度比光速还快。

P28 图：欧洲核子研究中心[6]的欧洲粒子加速器实验室记录的亚原子粒子轨迹。随着科学家对婴儿宇宙的了解越来越多，他们意识到量子理论和粒子物理学在其行为上的相关性。

从无到有

大约 138 亿年前，宇宙突然诞生，而在一个微秒之前，一切都还是虚无。所有构成我们现在所看到的一切的物质和能量，无论是在我们周围的世界，还是在宇宙另一端的世界都是在那一瞬间产生的（多亏了强大的望远镜）。然而，这是如何产生的?

几个世纪以来，这个问题一直困扰着哲学家。物质怎么会凭空出现？这似乎违反了常识。事实上，它似乎违反了一个被称为能量守恒的科学原理，即质量和能量不能被创造或毁灭。由于没有一个有效的方法来解释自然界的创造，许多人便转向超自然，认为这一切创造一定是来自某位创造者的杰作。

右图：**哈勃深场南（Hubble Deep Field South），一幅由在轨运行的哈勃太空望远镜传回的深空景象图。深场是我们对太空最遥远的光学视图之一，显示了非常接近大爆炸时间的宇宙景象。**

神的干预?

纵观人类历史，利用神来解释自然界未知的例子比比皆是。但在大多数情况下，科学最终提供了一个更合理的解释。例如，斯堪的纳维亚岛古老的居民无法解释雷电现象，所以他们断定这一定是雷电之神托尔的杰作。我们现在知道雷是由闪电引起的，电荷在云层中积聚，当它们足够大以克服中间空气的电阻时，电荷便以电弧的形式流到地面。闪电弧的温度可以达到 30 000 摄氏度，这可以瞬间加热周围的空气，使其以压缩波的形式扩张，这就是我们听到的雷声，根本不关托尔什么事。

神创论者们相信是上帝创造了宇宙。他们经常引用一种叫作第一因论证（The first cause argument）的神学原理来支持他们的信仰。这就是说，宇宙中万事万物的存在必有其原因。要么可以无限追溯，一直延伸到过去；要么用第一因论证来解释，即存在造物主。

毫无疑问，这个观点是短视的。如果真的存在造物主，那么又是什么创造了造物主？创造造物主的又是什么？造物主不需要自己的造物主显然是没有说服力的。为什么不干脆说宇宙不需要造物主呢？显然，第一因论证比起用雷神解释雷电并没有高明多少。

机械宇宙

其他神创论者采用了科学原理来帮助他们论证上帝的存在，它被称为热力学第二定律。这条定律本质上认为，尽管能量是守恒的，但随着时间的推移，它使事情发生的能力——或者用科学的术语来说，“做功”的能力，在逐渐减弱。对于宇宙来说，这意味着恒星和星系最终会燃烧殆尽直至消亡，只留下一片黑暗的虚无，这种情况被称为宇宙的“热寂说”。宇

茅塞顿开

阿尔伯特·爱因斯坦在与物理学家乔治·伽莫夫的一次谈话中认识到，宇宙可以从无到有地形成和发展。20 世纪 40 年代的一天，当这两个人在新泽西州的普林斯顿外出散步时，伽莫夫提到他的一个学生的研究，只要假设恒星的质能与引力能完全相等、方向相反，就能将一个恒星从无到有地计算出来。爱因斯坦马上意识到同样的原理也适用于整个宇宙，于是立即停下了脚步。当时他和伽莫夫正在穿过马路，这一举动迫使几辆车停下来以避免撞到他们。

右图：计算机模拟早期宇宙中星系和星系团形成的过程。图中所示天区跨度为 3 000 万光年。

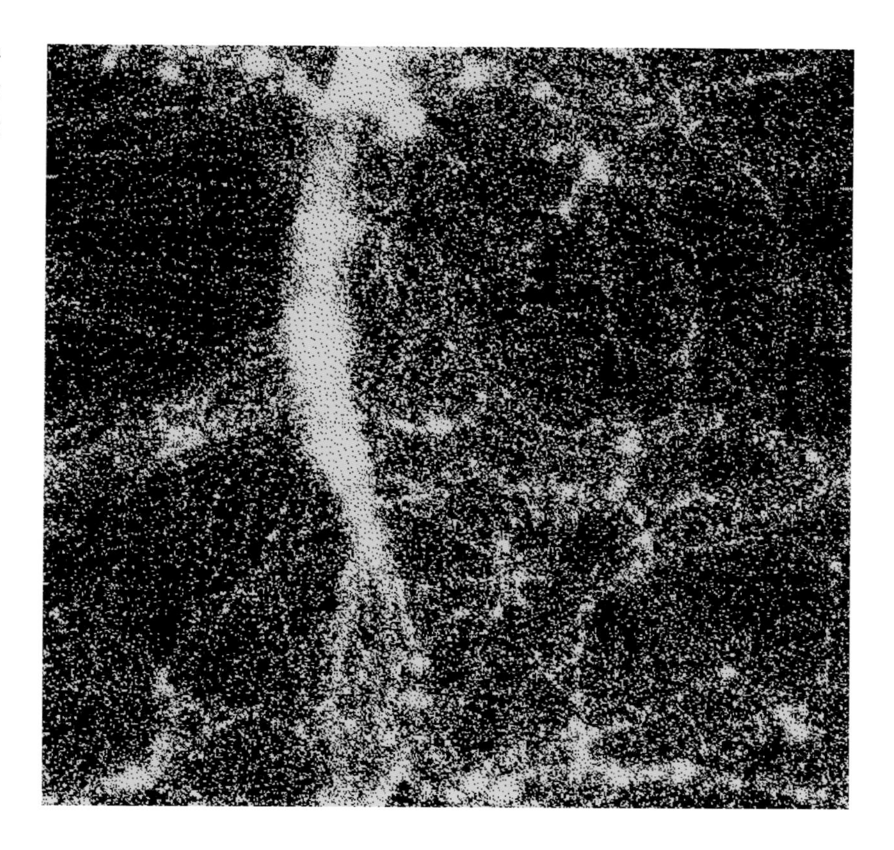

宙就好比是一个上了发条的玩具，其发条稳定而缓慢地舒展开，但终究要慢慢停下来。因此，神创论者认为，如果宇宙的发条正在缓慢地舒展开，那么一定是某人或某物给宇宙上了发条。

这种说法也是没有根据的。宇宙起源于一种“旋紧”的状态，只是因为它诞生时小而致密并且温度极高。物质和辐射在热的时候比在冷的时候有更大的“做功”能力。例如，在汽车发动机中，每个活塞杆从汽缸的一端移动到另一端，在汽缸的一端气体（点燃的油气混合物）非常热，而在汽缸的另一端气体（冷空气）则要冷得多。当点火开关关闭时，汽缸的两端就会变冷，发动机则会停止运转。这就是炽热的年轻宇宙为什么会走向热寂的原因。当温度为 100 穰度（10^{30} 摄氏度）时，它具有惊人的“做功”能力。

所以，如果不是上帝，那么是谁创造了宇宙呢？

量子宇宙

我们对宇宙起源的最好解释来自亚原子粒子科学——量子理论。作为物理学的一个分支，量子理论是在 20 世纪初发展起来的，用来解释原子和辐射的行为。

量子理论做了一系列古怪的预测。1927 年，德国物理学家维尔纳·海森堡（Werner Heisenberg）发现了其中最奇异的一个。它被称为测不准原理（uncertainty principle），即你永远不可能同时知道一个亚原子粒子的速度和位置：其中一个量越确定，另一个量的不确定性就越大。这并不是由于实验测量装置的不精确造成的，而是因为量子物理学固有的禁忌。没有人真正理解海森堡的原理为什么以这种方式运作，但这一原理是一种基于“经验”的定律：它的预测与实验结果吻合良好，这才是最重要的。现在测不准原理被认为是支撑量子物理学的基本定律。

海森堡接着表明，这种速度和位置的关系同样可以用来理解质量和时间的关系。在量子世界中，只要粒子的质量和时间在一段时间内符合测不准原理，粒子就可以凭空出现或消失。如此一来，“空”不再是“空无一物”，而实际上是一团沸腾的粒子在现实世界中徘徊。这个效应是真实存在的。

左图：**德国物理学家维尔纳·海森堡发现了所谓的测不准原理，这是量子物理学的基石，也是解释宇宙是如何从无到有的关键。**

右页图：**计算机模拟的亚原子粒子径迹。模拟结果与位于瑞士的欧洲核子研究中心（CERN）的巨型粒子加速器实验相似。**

这些所谓的虚拟粒子存在的证据已经在两块紧密放置的金属板间产生的吸力（卡西米尔效应）中被观察到，同时也被氢原子的射频波谱移位（兰姆移位）[7] 所证实。

在 20 世纪 70 年代早期，纽约城市大学的物理学家爱德华·特里恩（Edward Tryon）提出，正如量子不确定性带来了虚拟粒子的存在一样，它也可能孕育了我们宇宙生长的微小种子。

虽然量子理论认为物质是从无到有产生的，但它们遵守能量守恒定律。天文观测表明，我们的宇宙是平衡的，因此与它的质量相关的能量是相等的，但与它被锁在引力场中的能量相反。因此，宇宙的净能量是零——没有能量凭空产生或消失。

然而，有一个问题值得注意：把宇宙压缩成量子粒子大小，这会产生一个强大的引力场，可在瞬间把宇宙摧毁。因此，这个理论要想解释得通，一定是胚胎期的宇宙发生了什么事。是什么使得宇宙在再次塌缩之前能够扩张到量子领域之外？这个难题最终在 20 世纪 80 年代初得以解决。

什么孕育了宇宙？

宇宙诞生最有可能的解释是从无到有的量子创造：正如亚原子粒子按照量子不确定性和海森堡测不准原理突然出现并存在，宇宙也就这么突然诞生了。然而，一些科学家仍然认为宇宙是从“某种物质”中产生的。这个观点的其中一个版本假设“某种物质”是宇宙本身，而宇宙的诞生是通过时间循环发生的。1998 年，新泽西州普林斯顿大学的理查德·戈特三世（Richard Gott Ⅲ）和李立新（音译）率先提出了这个观点。它依赖于一个早期的理论，即我们的宇宙不断地孕育出新的宇宙（右图），这些宇宙不断地向外扩展，并以自己的方式形成新的宇宙。戈特和李立新想弄清楚，如果这些小宇宙分支中的一个能够穿越时间回到过去，并在我们称之为大爆炸的时刻重新加入我们宇宙的主体，那将会发生什么？

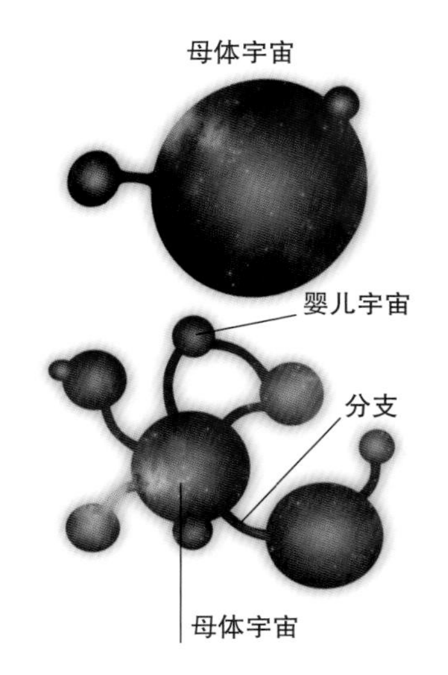

宇宙暴胀

宇宙暴胀理论认为，宇宙诞生仅仅 10^{-35} 秒后，就经历了一次大规模的井喷式增长。这一膨胀使宇宙从量子世界中迸发而出，然后慢慢减速为我们今天看到的更为平静的膨胀速度。天体物理学家通过引入暴胀来解决标准大爆炸理论中的一些小错误。暴胀不仅加深了我们对宇宙起源的理解，也解释了更小尺度结构的星系是如何形成的。

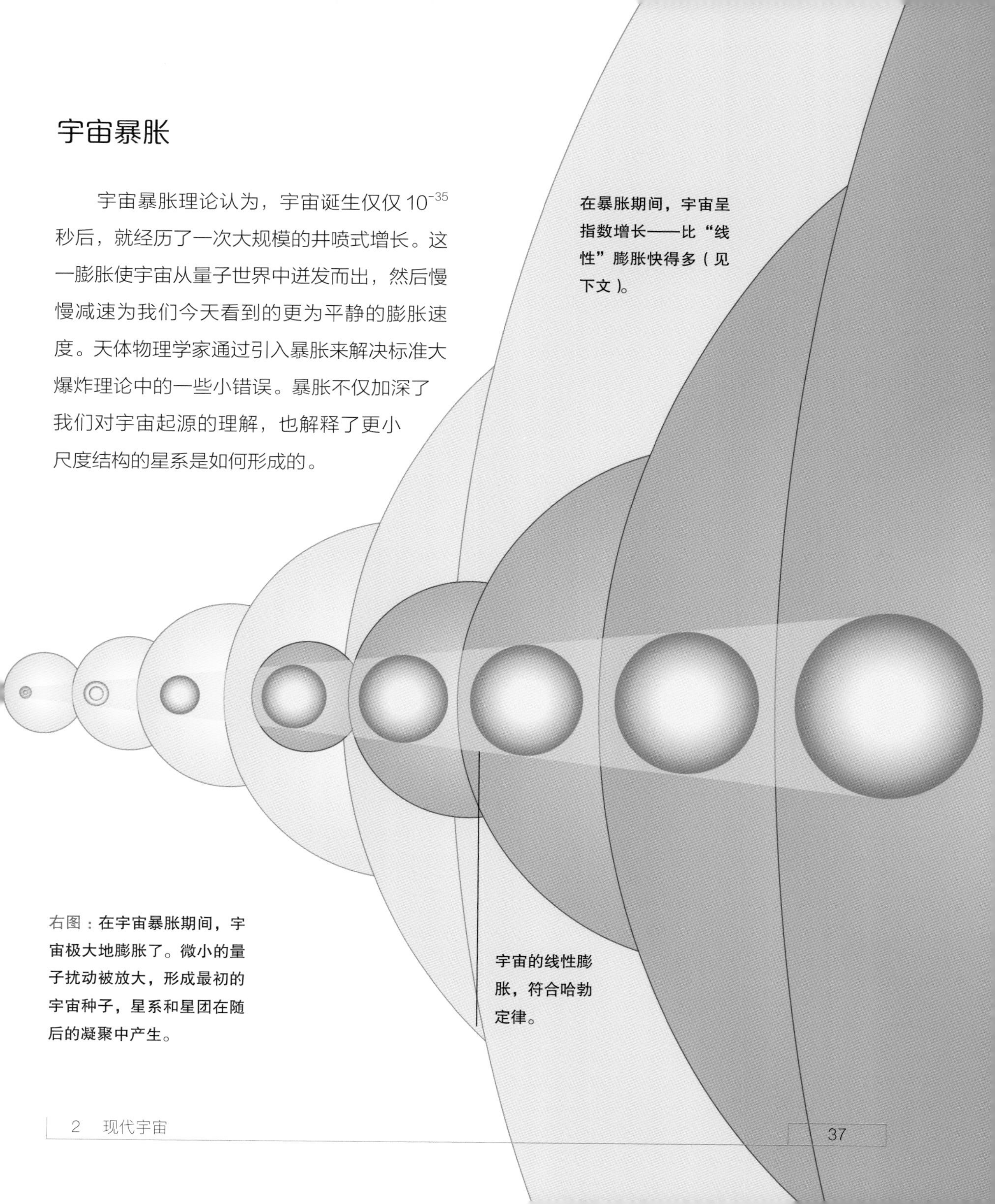

在暴胀期间，宇宙呈指数增长——比“线性”膨胀快得多（见下文）。

宇宙的线性膨胀，符合哈勃定律。

右图：**在宇宙暴胀期间，宇宙极大地膨胀了。微小的量子扰动被放大，形成最初的宇宙种子，星系和星团在随后的凝聚中产生。**

鸿蒙之初

1965 年，列宁格勒物理与技术研究所（Institute for Physics and Technology）的俄罗斯物理学家埃拉斯特·格林纳（Erast Gliner）首次对宇宙暴胀的现象进行了研究。格林纳设想了极早期宇宙的一个快速膨胀阶段，但这个想法从未流行起来。15 年后，另一位在莫斯科兰道研究所（Landau Institute）工作的俄罗斯人阿列克谢·斯塔洛宾斯基（Alexei Starobinsky），他也是持大致相同的想法。斯塔洛宾斯基一直在研究如何将量子物理学与引力定律结合起来。量子引力理论的结果适用于具有很强引力场的微小物体——就像早期宇宙时期一样。时至今日，物理学家们仍在寻找正确的量子引力理论，但斯塔洛宾斯基 1979 年的计算表明，宇宙空间的暴胀就是该理论的结果之一。

只可惜，当时苏联强加的通信限制使得斯塔洛宾斯基的工作没有被西方科学家注意到。

☆ 在暴胀期间，极早期宇宙快速膨胀，宇宙增长了 10^{70} 倍，也就是 1 后面跟着 70 个零。

但仅仅两年之后，麻省理工学院的艾伦·古斯（Alan Guth）发表了一篇科学论文，概述了一种新理论。在这个理论中，粒子物理过程可以使早期的宇宙以巨大的速度膨胀。古斯称这一理论为“宇宙暴胀”。

古斯设想的暴胀机制依赖于一种被称为希格斯玻色子（Higgs boson）的亚原子粒子，这种粒子被认为无处不在，遍布整个空间。就像水蒸气在温度足够低时会经历所谓的相变成为液态水一样。随着极早期宇宙完成膨胀并冷却到一定的阈值温度，希格斯粒子也会经历类

似的相变。在相变过程中，宇宙中所有的希格斯粒子都从高能状态回归到低能状态。但这一切不会同时发生在宇宙的所有区域里。在某些地方，它会发生得稍早一些，而在另一些地方，它会发生得稍晚一些。

因此，在有些地方，一小群希格斯粒子可能仍然处于高能状态，而周围的所有粒子都已下降到低能状态。在这种情况下，这一小群粒子和它所在的空间将会迅速暴胀——就像一锅沸腾的水里不断膨胀的气泡一样。最终，这一小群粒子将进入低能状态，暴胀也就结束了。这便是古斯理论的精髓。

左页图：**大尺度宇宙的最近研究结果表明，星系和星团位于空间中巨大气泡的表面。这些空的气泡被称为“空洞”(void)。**

右图：**计算机模拟难以捉摸的希格斯玻色子，显示其衰变产生 4 个亚原子介子粒子 (黄色轨迹)。**

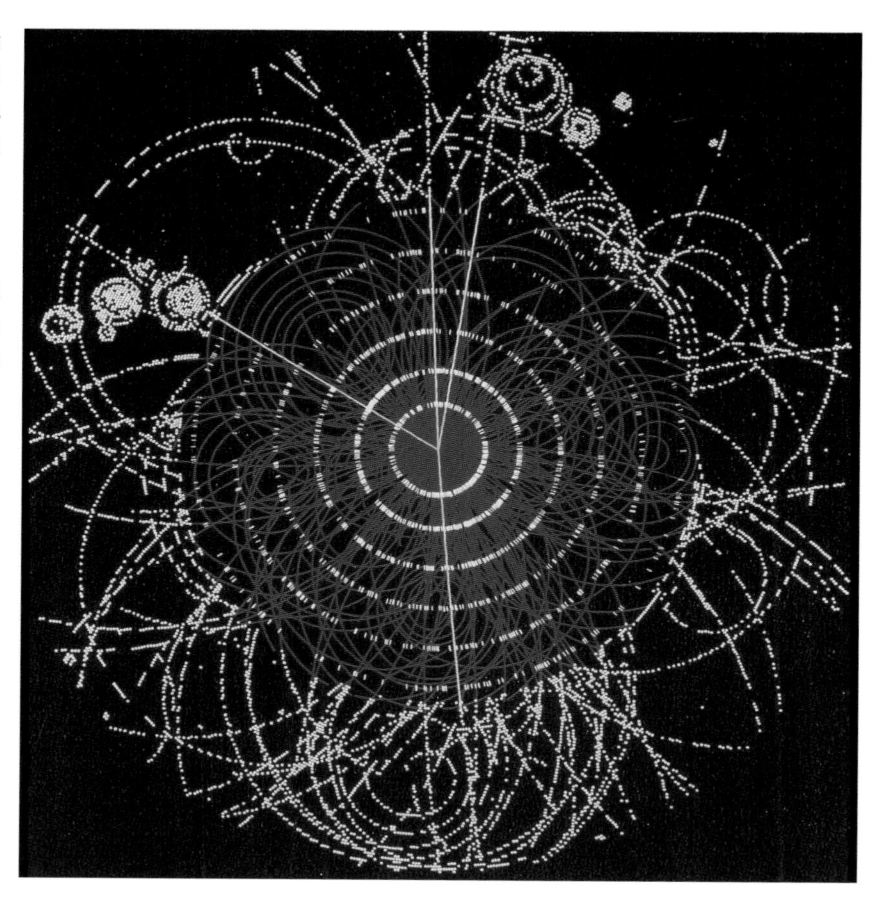

微观粒子和宏观宇宙

一些大爆炸理论的批评者最初认为，宇宙的迅速膨胀将使星系不可能在宇宙中形成。星系是在引力作用下形成的。整个空间中物质密度的微小不均匀性在引力作用下增长，吸引更多的物质产生更大的不均匀性。这个过程就像滚雪球一样越滚越大，直到不均匀的部分变得非常大，就像星系那么大。批评者们担心，大爆炸会使这些不均匀的部分变得极度平滑，以至于它们不可能在宇宙的年龄范围内成长为星系。你可以把宇宙暴胀前的空间想象成一张皱巴巴的毯子，宇宙暴胀就像把毯子拉紧，使所有的皱纹（即不均匀的地方）一一消失。至少批评者是这么认为的。

事实上，情况远非如此。暴胀可能会使“宇宙领地”变得平坦，但它也会播下自己的种子，最终星系将从中成长。这是海森堡测不准原理的另一个惊人结果：量子理论不仅解释了宇宙的诞生，也解释了星系的形成。

它是这样解释的：希格斯粒子引起宇宙暴胀，量子涨落使希格斯粒子之海置于不断变化的状态。根据测不准原理，虚拟的希格斯粒子突然出现，然后又迅速消失。虚拟粒子是成对产生的，一个粒子和一个反粒子，当这对粒子

希格斯玻色子

粒子物理学家认为，宇宙中所有的物质都是通过一种亚原子粒子的作用而获得质量的，这种亚原子粒子是由驱动暴胀的能量产生的。这种粒子被称为希格斯玻色子（Higgs boson），以爱丁堡大学的彼得教授（右图）的名字命名。他在 1964 年提出了希格斯玻色子存在的假设，他认为太空是弥漫着希格斯玻色子的海洋。希格斯玻色子之海对穿越其中的其他粒子产生一种拖曳效应，这表现为惯性：一种由质量决定的运动阻力。最近，日内瓦附近的欧洲核子研究中心（CERN）粒子物理实验室的科学家们认为他们首次探测到希格斯粒子的踪迹。欧洲核子研究中心的大型电子正电子对撞机（Large Electron Positron Collider）进行了一项实验，产生了大量的亚原子粒子，其类型与希格斯玻色子衰变时释放的粒子相匹配。

右图：剑桥穆拉德射电天文实验室（Mullard Radio Astronomy Laboratory）的天文学家们所看到的宇宙微波背景辐射的波纹。这些波纹是由后来形成星系的宇宙中同样不均匀的物质密度所造成的。

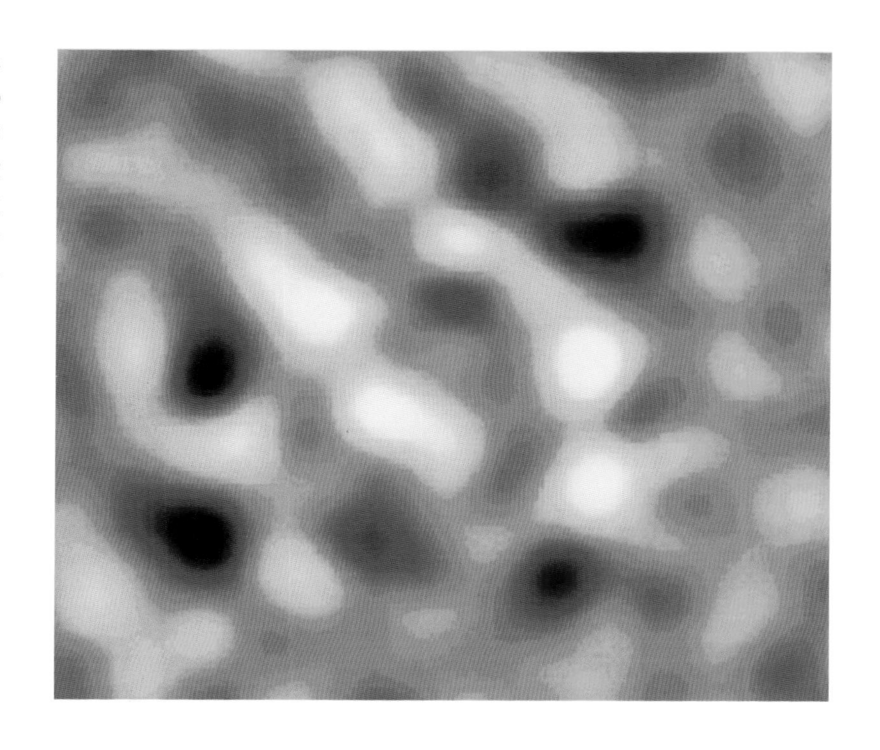

消失时，它们会重新组合。但当空间暴胀时，成对的虚拟粒子在它们有机会重新组合之前就被分离了。量子涨落非但没有消失，反而被“冻结”，正是这些随着暴胀放大到宇宙尺度的冻结－涨落效应，形成了星系生长的初始不均匀性。

最后一片拼图

这些星系形成前的分布不均匀现象在宇宙微波背景辐射上得以验证。微波背景辐射是宇宙大爆炸留下的漫反射电磁回波，在今天仍然遍布宇宙。宇宙飞船和高空气球对微波背景辐射的观测表明，微波背景中存在着与宇宙大爆炸预测完全一致的分布不均匀现象。

标准的暴胀范式目前存在着多个版本，要在其中选出合适的一个，将需要对宇宙微波背景辐射进行更详细地观测，这预计将在未来几年内进行。然而，有关宇宙暴胀基本概念的证据几乎是可以令人信服的。有了这一点，我们现在就可以勾勒出一幅相当精确的宇宙历史图景——那便是目前我们所理解的大爆炸理论。

宇宙简史

宇宙史讲述了宇宙万物在 138 亿年中如何演化的故事。多亏了人类的智慧，我们已经知道这个故事的长度，还有每一章节的标题，甚至还有除了最早篇章之外所有章节的细节。故事是这样的……

时间 T = 0：大爆炸时期

量子不确定性使宇宙之初以空间、时间和能量的超致密混合形式而存在。

时间 T = 10^{-43} 秒：普朗克时期

受量子物理定律支配，空间和时间以模糊的实体存在。自然界的四种基本力——引力、强核力（或称强相互作用力）和弱核力（或称弱相互作用力）和电磁力，作为一个统一的超力（Superforce）存在。在普朗克时期（以量子物理学家马克斯 · 普朗克的名字命名）结束时，发生了第一次宇宙相变：引力从超力中分离出来，成为一个独特的实体，从此出现了空

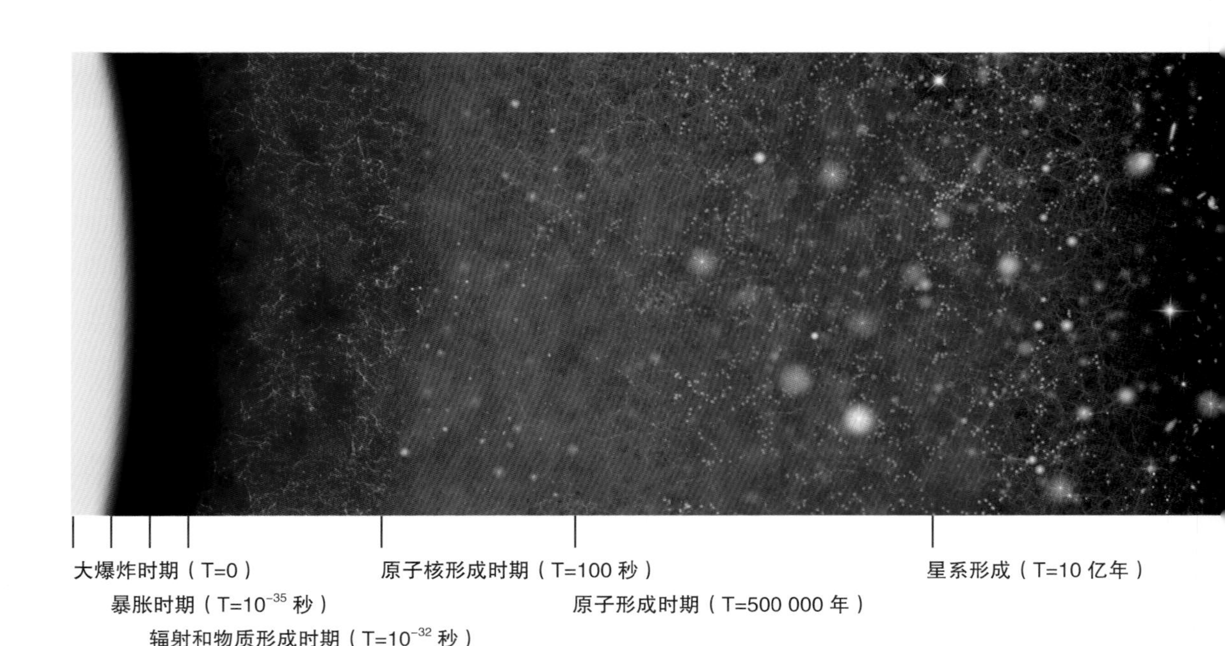

间和时间。物理学家们对普朗克时期的宇宙知之甚少，仍在寻找一个大统一理论，因为还没有任何物理理论能够描述宇宙在这段时间内经历的事情。

时间 T = 10^{-35} 秒：暴胀时期

宇宙经历了第二次宇宙相变。强核力现在从大统一力中分离出来，只有电磁力和弱核力仍然束缚在一起，合称为弱电力。这种相变被认为导致了暴胀，也就是空间的超速膨胀，这阻止了胚胎宇宙的重新坍缩，并最终形成了星系。

时间 T = 10^{-32} 秒：辐射和物质形成

暴胀的相变期结束了，驱动暴胀的能量被转移到弥漫在宇宙中的大量希格斯粒子上。现在，这些粒子中有许多仍在衰减，并随着辐射释放出能量。由于前期的迅速暴胀使宇宙大幅降温，这种能量释放相当于给宇宙再加热。重新加热后不久，量子过程使辐射本身自发衰变为物质和反物质的亚原子粒子。这些粒子和反粒子中的大多数只是简单地重新组合和湮灭，重新变回辐射状态。然而，物理定律中一个小的不平衡产生的物质略多于反物质，每 10 亿个反物质粒子对应着 10 亿个物质粒子再多加 1 个物质粒子。因此，这个过程结束后，只剩下少量的物质，这些物质构成了宇宙的组成部分。

如今（T=138 亿年）

左图：**大爆炸的故事可以分成若干个确定的时期。随着宇宙膨胀和冷却，在物理学家称之为“相变”的一系列事件中，支配宇宙最初时刻的高温物理定律让位给了低温物理定律。**

时间 $T = 10^{-10}$ 秒：电弱相变

电磁力和弱核力最终分道扬镳。四种自然力——引力、电磁力、强核力和弱核力，现在都作为不同的实体单独存在。

时间 T = 0.0001 秒：前原子粒子形成时期

夸克是在暴胀后不久形成的粒子，现在聚集在一起形成我们更为熟悉的质子和中子，而质子和中子是构成原子核的基本元素。

时间 T = 100 秒：轻原子核合成时期

大爆炸火球的温度下降到足以让质子和中子结合在一起而不会被辐射再次撕裂。此时，形成了最轻的化学元素氢、氦和少量锂的原子核。

时间 T = 500 000 年：原子形成时期

现在温度足够低，原子核在最初的 100 秒内产生，捕获电子后形成第一个完整的原子。在此之前，电子一直在不停地散射辐射。但是当所有的电子都突然被束缚在原子中，这个过程就停止了。这就是为什么宇宙历史上的这一时期有时被称为“最后的散射”。辐射随后在毫无阻碍的空间中自由流动。如今射电天文学家把这种辐射看作是宇宙微波背景，它相当于一种保存完好的宇宙诞生 50 万年后的化石遗迹。

☆ 现代版的大爆炸理论可靠地描述了宇宙诞生后 0.0001 秒的情况。

时间 T = 10 亿年：星系形成时期

大爆炸后 50 万年到 10 亿年之间，宇宙

处于所谓的黑暗时期。辐射能量已经下降到肉眼可见的程度以下，而物质还没有凝聚成恒星和星系。在一个假想的旁观者看来，此时的宇宙是一片荒凉、黑暗和空旷之地。然而，大约10亿年之后，在引力的作用下产生了第一代恒星和星系。宇宙诞生后950万年时产生的第一缕“光”从此真正亮了起来，就像一幅在黎明前醒来的城市鸟瞰图。起初出现了一些微弱的闪光，慢慢地，其他的星光也如同涓涓细流汇成洪水一般逐渐出现了，然后整个宇宙在一瞬间被耀眼的星光照亮了。

时间 T = 138 亿年：如今

宇宙仍处于所谓的恒星纪元（stelliferous era），即恒星时代，也称为光明时代，这一时期将在未来的10万亿年里继续存在。

左图：在大爆炸发生大约10亿年后，宇宙冷却到足够开始形成星系的温度。这些星系形状各异，大小不一。这里显示的是一个名为NGC 4603的旋涡星系，它位于1.08亿光年之外的半人马座。

宇宙难题

很多人发现大爆炸理论的某些方面往好里说是反直觉的，往坏里说是完全令人费解的。不过，这种质疑其实也是一种鞭策，反而促进了大爆炸理论的发展。尽管科学家们至今还没有完全理解大尺度（即数百万到数十亿光年）宇宙的历史。但是，对于一些最常见的宇宙疑问，有了一些简单的答案。

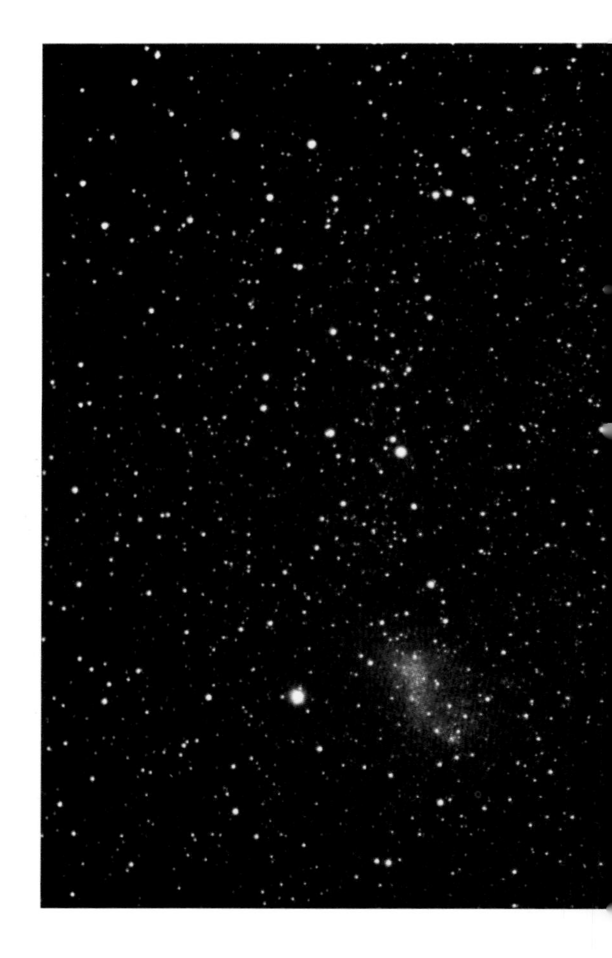

宇宙的尽头在哪里？

当你仰望壮丽的夜空时，你很容易会纳闷：宇宙的尽头在哪里？如果它确实有一个尽头，或者更准确地说有一个“边界”，那么在宇宙边界之外又有什么？

事实上，这两个问题都包含一种误解，其根源在于宇宙存在“外部”的概念。答案是没有，至少现在据我们所知，宇宙没有尽头。我们的宇宙被定义为我们所生活的三维空间和一个时间的总和。宇宙没有外部，因为那里没有空间。没有了空间，整个位置概念，如“内”或“外”，就没了意义。

你可以通过想象减少我们生活的维度来理解原因。比如说，我们的宇宙只有一个空间维度，然后，当你从你现在的位置向前或向后谈论位置时，向上 / 向下和向左 / 向右就没有任何意义了。继续丢掉那个一维空间，向前 / 向后也是如此，失去了意义。

这与另一个经常被问到的问题密切相关：如果宇宙在膨胀，那么它将膨胀成什么样？这个问题源于我们的日常经验。在我们的经验中，一个膨胀的物体必须膨胀到其他东西里，好比一个炸裂的气球必定在周围的空气中发生膨

胀。但是宇宙不只是一个在空间中膨胀的物体，宇宙包括空间中所有一切，以及空间自身都正在变得越来越大，而在宇宙的外面没有任何东西可以膨胀。

但如果是这种情况的话，当你抵达宇宙边缘时，你将何去何从？答案是宇宙可能根本没有边界。在最大的尺度上，宇宙可能是一个地

上图：**正如这幅图中的星空所显示的那样，宇宙确实是一个瑰丽壮观的地方。但它会永远地持续下去吗？如果有一位假想的太空旅行者一直向前走，在时间足够长的情况下，他会到达宇宙的边缘吗？一些科学家认为，宇宙可能像一个巨大的球体一样向后弯曲。然而，宇宙这个球体是三维的，因此，尽管我们生活在地球这个二维球体“上”，但我们同时也存在于空间这个三维球体“内”。**

球一样的球体。当然，宇宙不会像地球表面那样是一个二维球体。我们的三维空间会环绕起来形成所谓的三维球体，无论你走进太空中的哪个方向，你最终都会完全回到自己身上。

上图：艺术家对膨胀宇宙的想象。但如果空间在持续扩大，为什么没有把我们以及我们看到的物体也拉长呢？

我们为什么不膨胀呢？

如果太空越来越大，为什么我们看不到星系、植物甚至人类被宇宙膨胀拉伸呢？宇宙中的物体通常由某种内部作用力维系在一起。例如，星系和恒星是由引力结合在一起的，人是由原子间和分子间的化合力结合在一起的，植物靠同样的化合力和引力维系在一起。正是这些力阻止了物体被空间膨胀拉伸。

值得注意的是，宇宙膨胀具有大规模的影响，即使小尺度物体确实膨胀了，不过它们也只是被微小地拉伸。例如，哈勃定律表明，你的身体会以每秒 4×10^{-18} 米的速度被拉伸。这

在宇宙大爆炸之前

有些人想知道大爆炸之前发生了什么，在我们的宇宙形成之前有什么。事实上，这样的问题是不合时宜的，谈论在形成之前发生了什么是没有意义的，因为宇宙大爆炸不仅是三维空间的开始，也是时间的开始。在此之前，时间不存在。一些宇宙学家把这种情况比作问北极的北部是什么，因为北极作为地球表面上的一个点，在那里你只能选择往南走。

意味着，在你的一生中，宇宙的膨胀只会使你比现在高 10^{-10} 米。

我们位于宇宙的中心吗？

如果不管我们朝哪个方向看，遥远的星系都在远离我们，那么这是不是意味着我们处于宇宙的中心？不，并不是。每一寸空间都在以同样的速率膨胀，所以我们和星系之间的空间体积在天空中每一个可能的方向上都在增加。将这种效应可视化的一个经典类比是在充气气球的表面上绘点。现在假设这些点是星系，慢慢地把气球吹大。随便选一个点，当气球充气时，你会发现其他的点都在远离它。然而，没有一个点是居于气球中心的。

宇宙大爆炸发生的时候有多大声？一点声音都没有。事实上，完全没有声音。人们常常把宇宙大爆炸比喻成一颗正在爆炸的炸弹，从而产生了大爆炸很响的误解。当炸弹爆炸时，压缩波从爆炸中心向外膨胀，穿过空间到达你的耳朵，形成一声巨响。但是在宇宙诞生的大爆炸中，没有压缩波在空间中加速。相反，宇宙本身以及物质和辐射，都是在大爆炸中才开始产生的。

物质和辐射的膨胀仅仅是因为它们被随后的空间膨胀所席卷着。整个过程非常平稳，非常安静。

上图：膨胀的宇宙表现得很像一个充气气球的表面。气球表面上的点就像宇宙中的星系，每个点都渐渐远离其他点，没有一个点是气球的中心，就像宇宙没有“中心”一样。

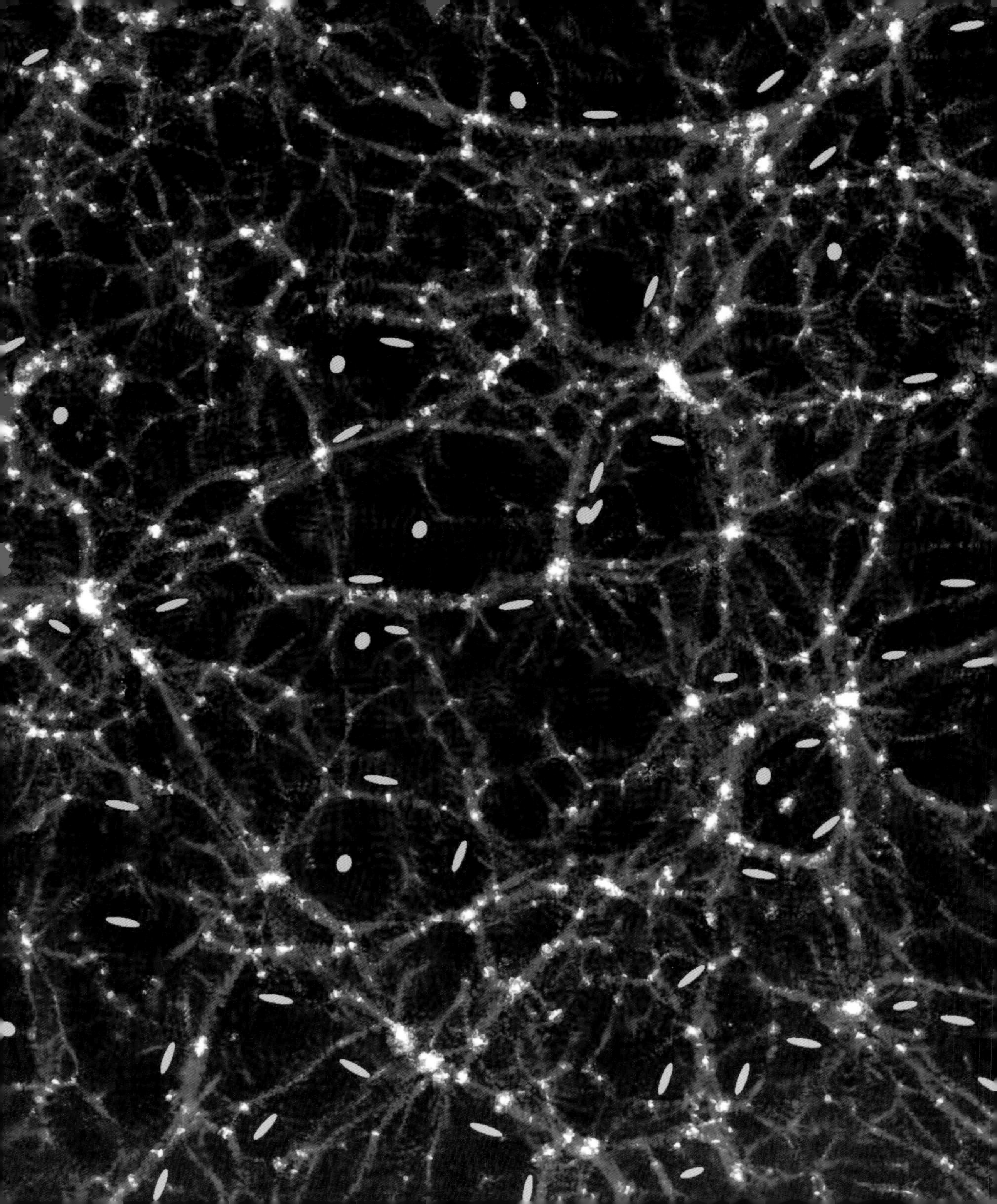

3

TRIUMPHS AND SETBACKS

瑕瑜互见

3 瑕瑜互见

大爆炸理论有着深远的影响，并且在很多情况下具有令人难以置信的影响。大爆炸理论告诉我们宇宙和星系是从奇异的量子泡沫中诞生的，空间和时间就像某种巨大的四维弹性体一样不断地向外延伸。但是我们该怎么验证这个理论是否正确呢？宇宙又不是科学家可以在实验室里进行试验的东西。相反，天文学家们只能小心翼翼地通过监视夜空来收集宇宙是如何真正运行的线索。大爆炸理论目前得到两个坚实的天文学观测支持：宇宙轻元素的丰度，以及宇宙微波背景辐射温度（即大爆炸火球的电磁辐射响应的温度）。然而，这一理论仍然存在问题。首先也是最重要的是，天文学家仍然无法解释宇宙中 95% 的真正成分是什么。

P50 图：巴黎天体物理研究所（Paris Astrophysics Institute）在研究了星系和星系团的引力运动后，绘制了一张宇宙中看不见的“暗物质”地图。

宇宙微波背景辐射

宇宙诞生大约 50 万年之后，它的温度下降到 6 000 摄氏度左右，这个温度和太阳表面温度大致相当。此时，物质和辐射相互分离。电子，一种带负电的亚原子粒子，与宇宙历史最初 100 秒形成的原子核结合，创造出第一个完整的原子。在此之前，宇宙温度非常高，以至于任何正在形成的原子几乎立即被强烈的辐射撕裂。由于电子带电的特性，它们能很好地散射电磁辐射。然而，原子是电中性的，因此它散射辐射的能力非常有限。最终，当宇宙中所有的电子骤然与原子结合时，宇宙就变得透明了。

“化石”辐射

由于宇宙变得透明，辐射不再和其他东西碰撞，大爆炸后 50 万年间产生的辐射依旧保留至今，并且大约过去了 138 亿年也几乎没有变化。嗯，差不多没有变化。在这段时间里，宇宙一直在不断膨胀，这种膨胀拉长了辐射的波长。宇宙大爆炸后 50 万年时，大多数辐射的波长为纳米级，这个波长正好对应于紫外光。极其漫长的宇宙膨胀将其拉伸到大约 1 毫米，相当于微波。在这个波长时，辐射的特征温度是零下 270 摄氏度，只比绝对零度高 3 摄氏度（绝对零度是可能达到的最低温度）。这些超冷的微波被称为宇宙微波背景辐射（CMBR）。

宇宙微波背景辐射是大爆炸理论的产物，这一理论是 1948 年由美籍俄裔物理学家乔治·伽莫夫（George Gamow）以及他的学生拉尔夫·阿尔弗（Ralph Alpher）和罗伯特·赫尔曼（Robert Herman）首先提出的。

上图：乔治·伽莫夫（George Gamow）领导的小组最早计算了宇宙大爆炸火球的形成和演化。

☆ 从地球上可以看到大约500亿个星系。离我们最近的是仙女座星系，距离地球约300万光年。

他们估算认为，如果大爆炸理论是正确的，那么今天的宇宙应该沐浴在大致对应温度为绝对零度以上10摄氏度的辐射中。如果能够探测到这种辐射，就是宇宙大爆炸的一大有力证据，这将支持宇宙至少自50万年来一直在膨胀的观点，并且那时的温度与宇宙早期物理学的预测一致。

事实上，对宇宙微波背景辐射（CMBR）的间接探测早在20世纪30年代就已经进行了。天文学研究表明，银河系中星际气体云的温度确实在零下270摄氏度左右。然而，令人惊讶的是，这个观测并没有让伽莫夫和他的团队尝试降低他们的估算值，于是这条线索就被忽视了。

意外之喜

直到20世纪60年代，新的科学团队才重新开始研究宇宙微波背景辐射，有意思的是，所有人最初的研究方向并不是这个。新泽西州贝尔实验室的阿诺·彭齐亚斯（Arno Penzias）和罗伯特·威尔逊（Robert Wilson）正在改造一种用于射电天文学研究的无线电天线，这种天线最初是为卫星通信开发的。他们并未有意使用天线来搜索宇宙微波背景辐射，但他们确实打算用它来研究极其微弱的天文射电源。这意味着他们的天线必须非常灵敏，并且能够有效识别和消除每个可能的无线电噪声源。

但是有一个噪声源不管怎样都无法消除。彭齐亚斯和威尔逊的仪器都探测到微弱的辐射谱，对应辐射源的特征温度为零下270摄氏

左页图：银河系明亮的光带是我们太阳所在的旋涡星系的中心圆盘，太阳围绕银河系的运动使得宇宙微波背景辐射发生蓝移和红移。

右图：阿诺·彭齐亚斯和罗伯特·威尔逊在 1965 年用号角天线发现了微波背景辐射。

度。他们采取的任何预防措施，包括清除天线喇叭上的大量鸽子粪便，仍然无法消除这个噪声。

大约在同一时间，普林斯顿大学的天体物理学家彼布尔斯（P. J. E. Peebles）独立地重现了伽莫夫和他的同事们早期的计算结果，表明宇宙应该被残留的微波辐射所覆盖。彭齐亚斯和威尔逊很快了解到彼布尔斯的工作，并联系了他的上司罗伯特·迪克（Robert Dicke），希望他的发现能够解释困扰他们天线的噪声问题。事实上，他们确实这么做了，彭齐亚斯和威尔逊当然看到了宇宙微波背景辐射。这两组科学家分别发表了各自的研究论文，并于 1965 年联合刊登在《天体物理学杂志》上。1978 年，彭齐亚斯和威尔逊因其为宇宙大爆炸理论提供了唯一最重要的证据而获得了诺贝尔物理学奖。

“肿块”和“凸起”

当彭齐亚斯和威尔逊第一次发现宇宙微波背景辐射时，它看起来非常光滑，在整个天空中有着相同的温度分布。然而，随着探测器技术的改进，辐射的微小变化最终变得可以被探测到。

第一个发现是所谓的宇宙微波背景辐射偶极子。这是由于地球在太空中的运动（银河系在太空中的运动、太阳系绕银河系的轨道运动以及地球绕太阳的轨道运动三者结合）引起的，

时光的涟漪

1992 年，美国宇航局的 COBE（宇宙背景探测卫星，下图）的探测结果震惊了科学界。它探测到了在年轻的宇宙中孕育着星系的种子，正是这些种子最终形成了恒星、行星和人类。COBE 是一颗绕地球轨道运行的卫星，装备有多个传感器来测量微波背景辐射，即大爆炸火球留下的稀薄的电磁回波。传感器能够检测出微波背景辐射谱中微小的凹凸不平，这些凹凸不平是由于空间中点与点之间物质密度的不均匀分布而印在宇宙微波背景上造成的。正是这些在大爆炸后最初瞬间产生的不均匀分布，在引力作用下成长为今天占据宇宙巨大上层结构的星系和星系团。

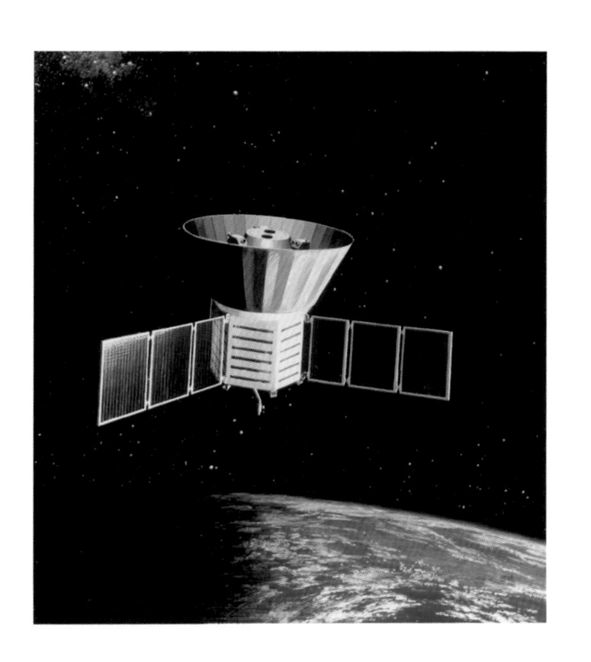

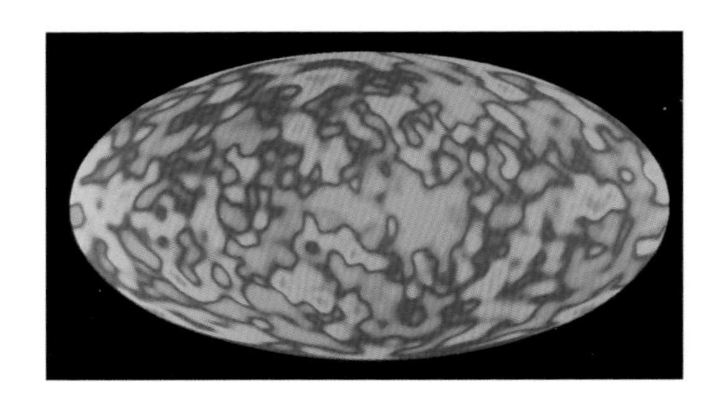

总的效果是使地球净前向运动方向上的背景辐射比它反向运动的辐射略热。这是由于多普勒效应使得辐射谱在地球向天空移动方向的部分发生蓝移，而在远离天空的部分发生红移（见本书第 22 页）。20 世纪 70 年代末，安装在高空气球和飞行器上的探测器首次观测到了这种偶极子。

从那以后，宇宙微波背景辐射中更多细微的变化特征被观测到，正是这些不均匀的结构被认为是星系形成的原因。1992 年，COBE 首次捕捉到这些信息，最近飞越南极上空的回力镖气球实验 [8]（Boomerang balloon）对它们进行了更详细地研究。

2001 年，美国宇航局发射了微波各向异性探测器 [9]（Microwave Anisotropy Probe，MAP），对宇宙微波背景辐射在天空中点对点的变化进行了更详细地研究，使天体物理学家进一步完善了他们关于星系形成的理论。

轻元素的起源

宇宙微波背景辐射的观测结果告诉宇宙学家，大爆炸理论适用于宇宙大约 50 万年的时候——这只是它现在年龄的一小部分。但是，还有另一个重要的观测结果，使人们对这一理论的信心进一步扩展到更早的时期，即宇宙诞生后的 0.01 秒，当时的温度高达 1 000 亿摄氏度。

在这个时期，粒子物理过程正在把电中性的亚原子粒子（称为中子）转变成类似但带正电荷的粒子（称为质子），然后再度转变回来。质子比中子略轻，这意味着它的能量更低。随着宇宙继续膨胀和冷却，其能量密度因此减弱，质子的低能态变得优于中子的高能态。因此，宇宙中开始积累过量的质子。

粒子的转化过程包括与一种叫作中微子的微小粒子间的相互作用。但是，在大爆炸后的 1 秒钟，温度降到了 100 亿摄氏度——这个温度太低了，中微子无法与其他粒子相互作用。然后，质子和中子的数量突然变得固定下来，大约是 7 个质子和 1 个中子的比例。由于最轻的化学元素氢，其原子核仅由 1 个质子构成，因此，这个时期的宇宙基本上是一片氢原子核的海洋。

当宇宙达到 15 秒的年龄时，温度已经下

左页图·上：**来自 COBE 的夜空微波辐射图。宇宙暴胀将宇宙微波背景辐射上的“皱纹”放大到天体物理尺度。**

右图：**欧洲核子研究中心粒子加速器实验室的气泡室中记录的一组纠缠的亚原子粒子轨迹。大爆炸后不久也发生了类似的过程，并可能导致了今天宇宙中化学元素的平衡。**

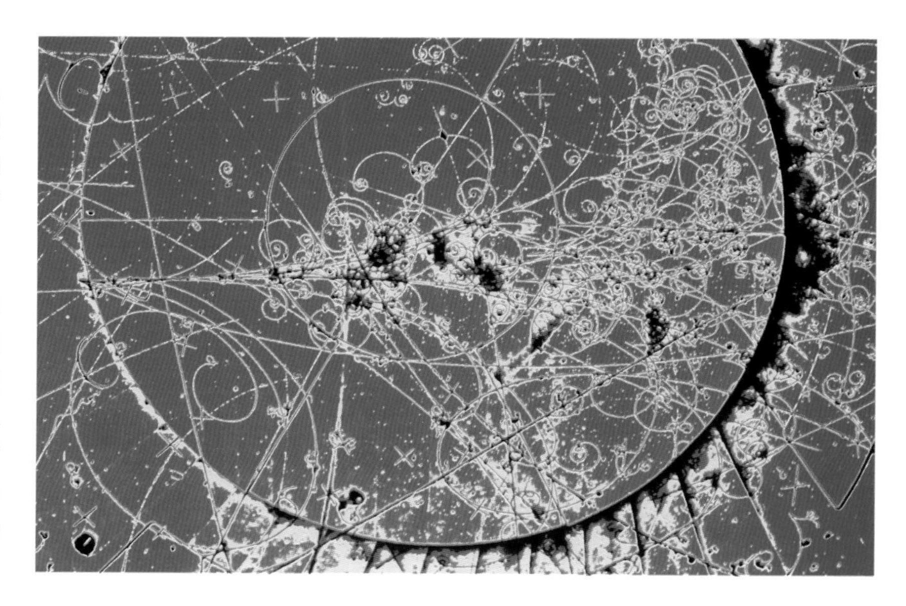

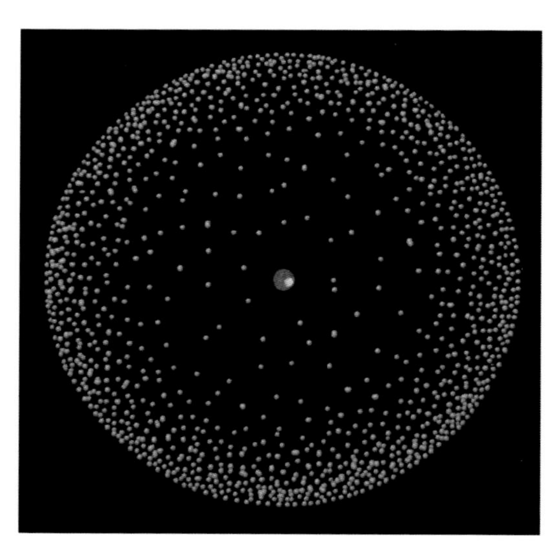

氢原子的近照：单个质子（红色）被电子云（蓝色）所包围。

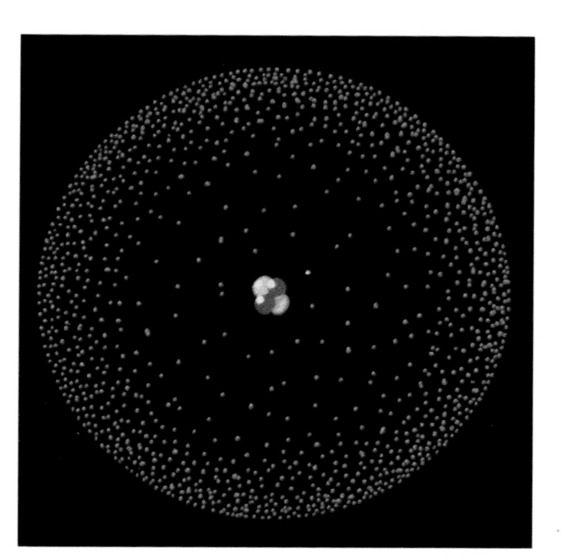

计算机模拟的氦原子图像：在一片电子云中由 2 个质子（红色）和 2 个中子（蓝色）组成的原子核。

如果宇宙在原子核的形成过程中膨胀得更慢些，那么它几乎完全由铁基恒星构成，碳基生命也就不会出现。

降到 30 亿摄氏度。这样的温度足以让质子吸收中子，形成一个由重氢构成的原子核，重氢也被称为氘。不久之后，在大约 3 分钟的时候（此时的温度是 10 亿摄氏度），这些氘原子核开始成对形成氦原子核（包括 2 个中子和 2 个质子）。

由于当时的宇宙中每 1 个中子就对应存在 7 个质子，所以每 7 个质子中就有 6 个是没有伙伴的，它们注定要以氢的形式存在。质子和中子是自然界中最重的粒子，所以这些没有伙伴的质子占宇宙的 75%。另外 25%（每 7 个质子中就有 1 个质子加上 1 个中子）变成了氘，氘很快就变成了氦。这便是大爆炸产生的宇宙物质含量：75% 的氢，25% 的氦。至少，理论上是这样的。

宇宙丰度

为了验证这些数字的可靠性，天文学家观测研究了来自宇宙历史早期形成的古老恒星发出的光，并检查了每颗恒星的光谱。这些光谱是通过将光分解成不同的颜色，并测量每种颜色的亮度得到的。光谱中波峰和波谷的位置揭示了恒星内部存在的元素种类，每个峰或谷对应的高度或深度显示了每种元素的丰度。天文学家发现，古老恒星确实是由 75% 的氢和 25% 的氦组成，这恰好与大爆炸理论预测的相同。

恒星实际上是巨大的核反应堆，它将宇宙早期形成的轻元素加工成更重、更复杂的元素。新恒星则是由前几代恒星的残骸形成的。每一代新的恒星的初始化学组成都与上一代恒星略有不同，因此它们对宇宙大爆炸中形成的元素丰度的描述也越来越不准确。这就是为什么古老的恒星对于研究宇宙原始丰度是必不可少的原因。

下图：**半人马座欧米伽（NGC 5139）是夜空中可见的最为巨大和明亮的球状星团之一。球状星团包含宇宙中一些最古老的恒星，非常适合研究宇宙大爆炸中产生的化学元素成分。**

恒星的核反应过程制造了宇宙中大多数比氦重的化学元素。这些重元素在大质量恒星的中心锻造而成。当这些恒星发生超新星爆发时，重元素被抛入太空。看看你的周围，任何不是氢或氦（或锂，其中也有一小部分在大爆炸中形成）的物质都是很久以前在恒星内部形成的，包括你身体里的碳和你呼吸的氧气。

质疑的声音

在20世纪40年代，乔治·伽莫夫（George Gamow）、拉尔夫·阿尔弗（Ralph Alpher）和罗伯特·赫尔曼（Robert Herman）首次计算了关于极早期宇宙火球中形成的元素分布，也正是他们首次预测了宇宙微波背景辐射。在此之前，也就是20世纪20年代末，伽莫夫还利用量子物理学建立了一套放射性理论，这一现象可以反过来解释造成大爆炸中轻元素形成的核聚变反应。

伽莫夫于20世纪40年代的计算，在20世纪60年代由英国天文学家弗雷德·霍伊尔（Fred Hoyle）爵士和俄罗斯天体物理学家亚科夫·鲍里索维奇·泽尔多维奇（Yaakov Borisovich Zel'dovich）分别进行了改进。

对宇宙轻元素形成的成功解释是大爆炸理论的重大成就之一。但事实证明，宇宙中的一切物质并非都是由简单的化学物质构成的。当

阿尔法－贝塔－伽玛

20世纪40年代，宇宙学家乔治·伽莫夫（George Gamow）和他的学生拉尔夫·阿尔弗（Ralph Alpher）利用核物理定律，计算出在大爆炸的高温熔炉中会锻造出什么样的化学元素。他们的计算结果可通过观测古老恒星中发现的化学元素得到证实。在为《物理学评论》（*Physical Review*）杂志撰写研究报告时，伽莫夫注意到两位作者的名字与希腊字母表的首字母（alpha）和第3个字母（gamma）有相似之处。伽莫夫感到省略第2个希腊字母贝塔（beta）是不公平的，于是在他的名字和阿尔弗的名字之间他添加了一个德国人——美国物理学家汉斯·贝特（Hans Bethe，右图），尽管贝特并没有为这项工作做出贡献。这篇论文恰好出现在1948年4月1日的期刊上。时至今日，这项工作仍然被称为“阿尔法－贝塔－伽玛”理论。

人们了解到大爆炸中轻元素的产生时，天文学家们已经开始注意到，宇宙中似乎没有足够的正常、可见的物质来解释恒星和星系的引力运动。事实上，宇宙中 95% 的物质似乎都消失了。如果引力是可信的，那么宇宙中一定还充满了其他东西：一些看不见的物质。

上图：**距离天鹅座 2 500 光年远的天鹅座环，是 15 000 年前发生的超新星爆炸的遗迹。超新星爆发将比氦重的化学元素撒向宇宙，为新一代恒星的形成播下种子。**

暗物质

在晴朗的夜晚仰望天空，可以看到大量的恒星和星系，但它们仅占宇宙整体质量的一小部分。天体物理学家之所以知道这一点，是因为天体是在由物质产生的引力作用下运动的。但要解释目前观测到的恒星和星系的引力运动，所需要的质量大约是可观测物质的 20 倍。这个持续多年的难题被称为质量缺失(missing mass ）或暗物质问题。

上图：**维拉·鲁宾（Vera Rubin）和他的同事发现了暗物质存在于旋涡星系的关键证据。**

右页图：**银河系内一个恒星密集分布区域的星空。图中心是苍蝇座（constellation of Musca）。**

“黑暗”的宇宙

宇宙质量缺失的证据极其广泛。第一个线索出现在 20 世纪 20 年代，当时荷兰天文学家简·奥尔特（Jan Oort）计算了恒星在我们银河系圆盘上下运动的速度。圆盘的引力使恒星像旋转木马一样在绕星系中心旋转时上下摆动。但奥尔特发现，恒星的摆动并没有达到预期应有的程度。他当时的结论是，银河系圆盘中的物质必须比我们所能看到的多 50%，而这种物质产生的引力限制了恒星的运动。

20 世纪七八十年代，美国天文学家维拉·鲁宾（Vera Rubin）和她的同事在其他旋涡星系中发现了更多的证据。鲁宾的团队研究了旋涡星系周围恒星的轨道速度如何随着与星系中心的距离而变化。根据对星系盘引力场的计算，鲁宾的团队预测恒星的速度会随着距离的增加而稳步下降。但事实恰恰相反，他们发现这些恒星的轨道速度大致是恒定的。这只能说明一件事：每个星系都被一个由不可见物质组成的光环所包围，其重量是可见星系盘的 10 倍。恒星的速度因这个看不见的光环的引力作用而保持不变。

星系经常被分成星系团，这些星系团为暗

☆ 星系聚集在巨大的薄饼状结构上，中间有巨大的空隙。宇宙的 98% 左右是空的。

左图：哈勃太空望远镜拍摄到的 Abell 2218 星系团。为了提供足够的引力来防止它们飞离，星系团必须拥有比我们所能看到的更多的质量，它们包含的暗物质被认为是可见物质的 20 倍。

物质研究提供了更多的证据。20 世纪 80 年代的研究表明，许多星系团中的星系似乎移动得非常快，以至于星系团应该会弥散开来，因为组成它们的可见物质产生的引力不足以将它们聚集在一起。然而，这些星系没有分散开来的事实意味着一定存在某种以不可见形式存在的额外质量。计算表明，这种不可见的物质质量必定是星团中可见成分质量的 20 倍左右。

暗物质是什么？

大多数天体物理学家认为宇宙中的暗物质很可能以奇异的亚原子粒子形式存在。这些粒子有两种可能的类型：热暗物质和冷暗物质。热暗物质由大量非常轻的粒子组成，这些粒子被称为中微子。它们移动得非常快，以接近光速的速度运动，因此携带了大量能量，从而被称为“热”。最初，人们认为中微子没有重量。但新的证据表明，它们确实具有很小的质量。将这个微小的质量乘以它们的巨大数量（每秒有数十亿个中微子通过你的身体），我们对宇宙缺失的物质就有了一个可能的解释。

上图：**在轨运行的 ROSAT X 射线天文台观测到的 NGC 2300 星系团。星系被嵌在一团发出 X 射线的明亮气体云中（紫红色所示）。**

另一方面，冷暗物质将由少量较重的粒子组成，这些粒子运动较慢，因此能量较低，从而被称为“冷”。冷暗物质粒子尚未在实验中被发现，但可以通过超对称理论来预测。超对称理论是目前流行的理论的学名，它统一了不同的亚原子粒子理论。

还有一种可能，一些质量缺失是由“暗能量”造成的，暗能量被锁定在虚无的空间结构中。正如爱因斯坦的质能方程 $E=mc^2$ 所示，质量和能量是等同的，所以暗能量和暗物质一样会产生引力。但是，如果暗能量真的存在，那么关键区别在于它应该会使宇宙在大尺度上加速膨胀。1998 年，由加利福尼亚州劳伦斯伯克利国家实验室的索尔·珀尔马特（Saul

Perlmutter）领导的科学家们对宇宙膨胀速率进行了精确地计算。他们发现宇宙确实在加速膨胀，这表明宇宙质量的 70% 可能由暗能量构成。

暗物质死亡了吗？

暗物质研究的最新进展是发现宇宙中质量缺失可能根本就没有消失，这是马里兰大学的斯泰西·麦戈（Stacy McGaugh）的结论。他分析了回力镖实验（Boomerang）的观测结果。这是一个安装在气球上的毫米波段观天计划，气球在南极上空盘旋（见 56 页），以前所未有的精确度展现了宇宙微波背景辐射的不均匀性。

天体物理学家通过绘制一个称为功率谱的图来分析宇宙微波背景辐射中不均匀性的尺度，以显示每种特定尺度的不均匀性有多少。暗物质理论预测在能量谱中存在一个峰值，其强度与宇宙中暗物质的数量直接相关。但是当麦戈绘制回力镖观测图时，他并未发现这个峰的存在。

麦戈的结论是暗物质并不存在。相反，他认为回力镖实验的发现需要修正引力定律。麦戈发现回力镖实验的数据与所谓的修正牛顿动力学（modified Newtonian dynamics，MOND）的预测完全吻合。修正牛顿动力学

探测暗物质

英国科学家在英国进行了一项实验，试图探测所谓的冷暗物质粒子，这种物质可能占宇宙质量的很大一部分。这个实验是在北约克郡博尔比（Boulby）附近的一个碳酸钾矿井里进行的，探测器由一个重达 6 千克的碘化钠闪烁晶体构成，并在探测器两侧都配备了光电倍增管（右图）。科学家们希望，暗物质粒子每隔一段时间就会与晶体中的原子核发生碰撞，并释放出一些能量，形成微弱的光脉冲，然后光电倍增管就能捕捉和收集到这些光脉冲。由于宇宙辐射会影响检测结果，所以探测器被放置在地底下，这时周围的岩石充当了一个极好的屏障，阻挡了来自地球大气层中的宇宙辐射。同时，探测器还浸泡在一个 200 立方米的水箱中，以阻挡岩石中的中子和伽马射线辐射。

左图：如果暗物质是由许多在空间中流动的弱相互作用大质量粒子（WIMPs）组成的，那么恒星之间“空”的空间就充满了亚原子粒子。

右页图：1998–1999 年，在南极上空飞行的回力镖气球实验数据显示的宇宙微波背景辐射分布图，对此的一种解释认为暗物质可能根本不存在。

是 20 世纪 80 年代早期提出的另一种引力理论。爱因斯坦的广义相对论是我们目前对引力最好的描述，但在弱引力场中，比如那些控制大弥漫星系行为的引力场中，300 年前的牛顿引力理论就足够了。修正牛顿动力学代表在所谓的弱极限或牛顿力学极限下的一种广义相对论修正。

美国宇航局的人造卫星威尔金森微波各向异性探测器（Wilkinson Microwave Anisotropy Probe，简称“WMAP”），于 2001 年发射，直至 2010 年，经过 9 年的运行，取得了丰富的成果，最终停留在日心轨道上。此任务探测了宇宙微波背景温度，描述了大爆炸后几十万年的宇宙状态。WMAP 在宇宙学参数的测量上提供了许多比早先的仪器测量的更高精度的值。九年的探测数据与标准模型显示：宇宙的年龄约是 138 亿年，由约 23%的暗物质、72%的暗能量以及 5%的普通物质组成（见第 56 页）。数据表明，宇宙是平坦的[10]。

光滑而平坦，但为什么呢？

我们仍然不知道宇宙的 95% 是由什么构成的。暗物质之谜可能是大爆炸理论中一个最严肃的问题。另外两个问题——所谓的视界问题和平坦性问题——则由暴胀理论来回答。暴胀理论是大爆炸理论的延伸，认为宇宙在最初的时刻曾有过一次井喷式的增长（见第 2 章）。

关于视界问题的疑云

视界问题可以通过提出这样一个问题来总结：为什么夜空的两侧看起来是一样的？的确，尽管它们有所区别，天空两侧分布着不同的星座、不同的星系和不同的星系团，但是它们没有根本的区别。例如，我们看不到天空的一边璀璨闪耀，而另一边却完全黑暗沉寂。对于一个漫不经心的观察者来说，夜空的各个方向看起来都差不多。

但为什么会这样呢？宇宙已经存在了大约 138 亿年，所以我们能看到的最远的天体距离我们有 138 亿光年，可见夜空的相对两边相距 276 亿光年。因为没有什么东西能比光速更快，任何信号或自然过程都不可能从天空的一边到达另一边，那么，为什么它们看起来一样呢？

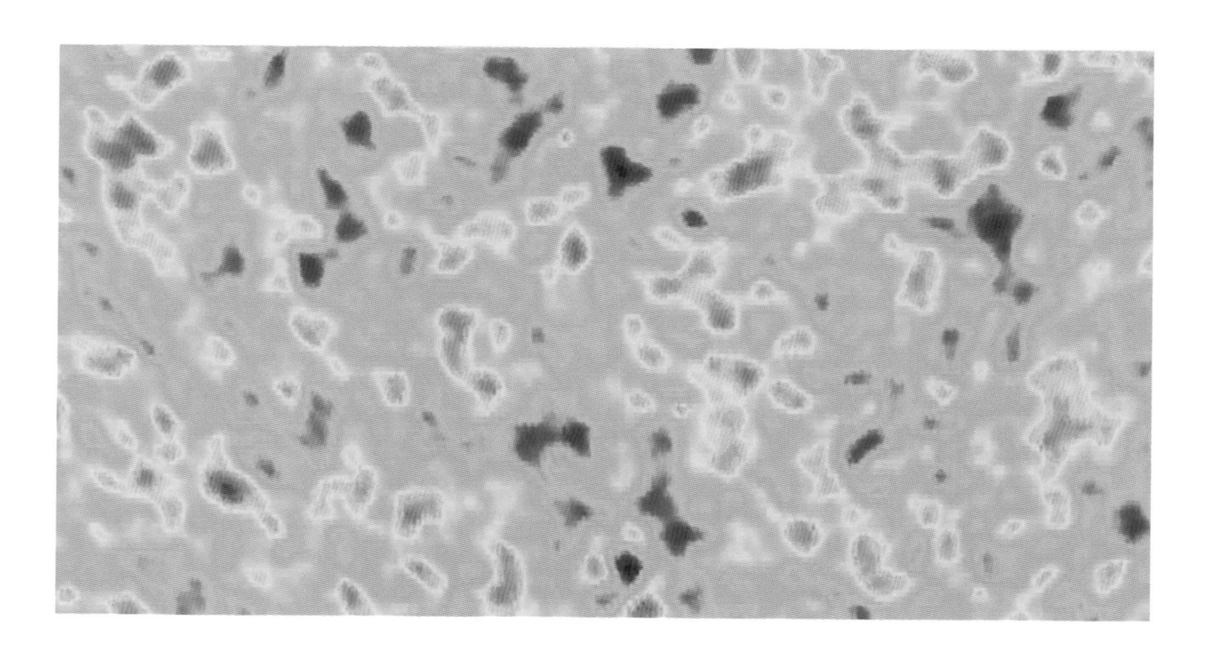

换个角度想想这个问题。如果你快速地把一壶糖浆倒到盘子的一边，糖浆最初集中在一大块里，所以盘子的这一边看起来和另一边不一样。几分钟后，糖浆散开，均匀地覆盖整个盘子。同样，大爆炸时的混沌应该产生了宇宙中一些看起来与其他区域非常不同的区域——相当于宇宙中的糖块。但在这种情况下，这些团状物需要 300 亿年才能变得平坦。如果宇宙只有 138 亿年的历史，为什么它看起来如此平滑？这就是视界问题。

暴胀理论通过极早期宇宙迅速膨胀回答了这个问题，这意味着我们今天所看到的整个可见宇宙是从早期宇宙的一小块膨胀而来的。这最初的一块是如此之小，以至于在暴胀之前，自然过程可以很容易地从它的一边移动到另一边，从而使它变得平滑。

回到糖浆的比喻，暴胀意味着我们不应该把可见宇宙比作整个盘子，而应该把它看作盘子上的一个小区域，比如硬币大小。如果你把硬币大小的区域放大到一团糖浆上，那么它看起来就相当光滑。这就是暴胀理论解决视界问题的方法。

左图：**大约 138 亿年前宇宙的样子。这张由哈勃太空望远镜拍摄的“深场”图像仅为满月直径的百分之一，由 200 多张曝光照片拼接而成。**

平坦性问题

爱因斯坦的广义相对论规定了空间是如何被它所包含的物质和能量弯曲的，应用于宇宙学上，它预测宇宙可以有三种可能的形状，即封闭的、开放的和平坦的。一个封闭的宇宙的形状会像一个球体——自我包裹或者封闭。另一方面，一个开放的宇宙会有一个类似马鞍的形状，但向四面八方无限延伸。在这两种可能性之间的是一个平坦的宇宙。在这种情况下，宇宙的引力和质量能量相互抵消，最大尺度上的空间曲率为零。

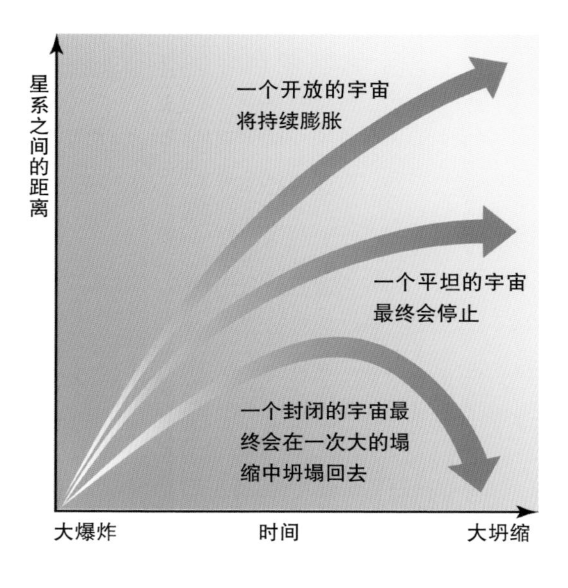

上图：如果今天的宇宙是大致平坦的，那么婴儿宇宙一定几乎完全是平坦的，并且精确度达到惊人的一致。宇宙暴胀理论解释了为什么婴儿宇宙如此平坦。

由于曲率是由物质决定的，所以宇宙学家通常用一个决定物质密度的数字来划分宇宙的形状。这个数字叫作密度参数，用希腊字母欧米伽（Ω）表示。如果 Ω=1，宇宙是平坦的；如果它小于 1，宇宙是开放的；如果它大于 1，那么宇宙是封闭的。

如今天文学家有理由确信，Ω 在每个方向上是在 1 至一个数量级之间，这似乎并没有太多的限制。然而，Ω=1，数学家称之为“排斥点”。这意味着随着宇宙变得越来越老，任何与 Ω=1 微小的偏离将迅速放大。当前的 Ω 值在 1 附近，也就意味着当宇宙形成 1 秒时，Ω 一定也正好为 1，它的变化范围在 10^{-60} 内。但问题是，为什么早期宇宙如此平坦？

暴胀理论非常巧妙地回答了平坦性问题。宇宙的迅速暴胀使它在很短的时间内变得非常大。想象一下，在暴胀之前宇宙就像一个沙滩球。很明显，当你把球拿在面前时，它的表面是弯曲的。但是当你把球暴胀到地球那么大时，它的曲率是看不出来的，看起来是平的。这就是宇宙暴胀对宇宙的影响。事实上，暴胀使早期宇宙膨胀得如此之大，以至于如果用同样的倍数膨胀一个沙滩球，就会产生一个比可见宇宙大 10^{40} 倍的球，那么看上去将十分平坦，这令人信服。

4

INTO THE UNKNOWN

未知之路

4 未知之路

我们的宇宙未来会怎样？宇宙会不会像科学家说的那样在“大塌缩”中燃烧殆尽，从而再次坍塌？或者它会慢慢消失，一直膨胀直至成为一片漆黑的虚无？在未来的岁月里，我们对宇宙的理解又将会发生怎样的变化？如果说科学史教会了我们什么的话，那就是关于宇宙还有无数的发现等着我们去发现。也许有一天，我们将统一自然界的基本力，发现宇宙中难以捉摸的暗物质的真相，或者找到如何进入到更高维度的时空中的方法。谁知道呢？目前我们只能猜测。一些物理学家甚至认为，我们的宇宙可能只是包含许多宇宙的宇宙冰山一角，这个宇宙连接在一个被称为多元宇宙的巨大跨宇宙网络中。多元宇宙也可以解释量子物理学的许多奥秘。

P72 图：艺术家创作的插图，描绘了宇宙大爆炸后的原始星系，以超新星爆发的形式结束其生命。科学家认为，随着时间的推移，恒星终将燃尽并死亡，物质最终将会消失，而我们所知道的生命可能已经不复存在了。宇宙死亡的序幕终将拉开。

塌缩时刻

在道格拉斯·亚当斯所著的小说《银河系漫游指南》(*Hitch Hiker's Guide to the Galaxy*)中，位于宇宙尽头的餐厅是宇宙旅行者可以吃饭放松的地方（或者更准确地说，是一个时刻），在那里，可以观看宇宙的死亡辉煌地展开。

虽然《银河系漫游指南》是一部喜剧，但宇宙之死是一个令人沮丧的想法。这是一切的结束。不仅仅是一颗行星、一颗恒星或者一个星系的消失，而且是我们在一个晴朗的夜晚所敬畏的一切的完全终结。不过当这一切发生的时候，我们都早已死去，就当这是一种可怜的安慰吧。那么，宇宙之死将如何发生呢？

死亡的缘由

宇宙学家对宇宙的最终命运提出了两种可能的设想。宇宙的最终宿命很大程度上取决于一个被称为宇宙密度参数的数值(见第71页)，用希腊字母欧米伽（Ω）表示。密度参数是用于衡量宇宙含有多少物质的基本参数，因此通过引力定律就可知道它能产生多大的引力。如果Ω小于或等于1，那么就没有足够的引力阻止空间膨胀，宇宙将继续越来越大。

然而，如果Ω大于1，宇宙总有一天会停止膨胀并开始收缩。一个收缩的宇宙注定会坍缩到一个温度和密度都无穷大的奇点，类似于宇宙大爆炸开始之初时的情况。在这种情况下，

右图：**宇宙膨胀使远处的星系看起来比近处的星系更红。在大塌缩的情况下，这种巨大的红移会减少，然后转变成蓝移。**

世界末日悄然来临。未来的天文学家首先注意到的是，遥远星系的红移似乎不像过去那么大了，它们远离我们的运动似乎正在放缓。随着膨胀逐渐转变为收缩，红移将变成蓝移。星系之间的距离将会停止变远，并且开始再次靠近。

整个 20 世纪，宇宙学家们一直都在努力拼凑宇宙的历史，现在将以相反的方式呈现。宇宙微波背景，即来自大爆炸的热量，经过数十亿年的宇宙膨胀而过冷，将开始重新加热。最终，它变得比恒星还热，使得恒星本身分裂。星系相互碰撞，并叠在一起，物质被星系中心的巨大黑洞吞噬。在宇宙大爆炸期间，粒子物理过程使自然力得以存在，但这一过程现在却被破坏了，物理学再次被一个统一的超力所支配。紧接着，宇宙像它诞生时那样，很快就一去不复返了。

这就是所谓的大塌缩，但与大爆炸相反，这个灾难性事件最终确实有一个乐观的转折。许多宇宙学家认为，塌缩实际上是会发生的，但不是被扼杀从而不复存在，坍缩的宇宙可能会“反弹”，像从灰烬中重生的凤凰一样，再次开始宇宙膨胀的新阶段。我们现在的宇宙可能就是这样开始的，尽管我们不太可能知道得非常确切。

哥德尔的宇宙

20 世纪 40 年代后期，奥地利裔美国数学家库尔特・哥德尔（Kurt Godel，右图，与阿尔伯特・爱因斯坦在一起）提出了大爆炸膨胀宇宙理论的一个最奇怪的替代方案。引力使宇宙膨胀速度减慢，甚至重新坍缩。哥德尔想知道，通过宇宙旋转产生的向外离心力与向内作用的引力相平衡，这样是否会抵消宇宙膨胀减速，甚至重新塌缩的趋势。哥德尔的宇宙显示，不管观察者在哪里，它似乎都围绕着观察者旋转。更奇怪的是，哥德尔发现，任何一个在他的宇宙中绕着一个足够大的环旅行的人都可以穿越时间——但是这个时间旅行环大约有 1 000 亿光年那么长。天文观测表明，我们是生活在哥德尔宇宙中的可能性极低。

燃烧殆尽还是逐渐消散？

尽管大塌缩具有令人满意的对称性结构，但这种情形似乎不太可能发生。许多宇宙学家认为 Ω 实际上小于1，这也意味着宇宙将一直膨胀。另一些人则认为，宇宙不断膨胀是因

上图：宇宙可能在大塌缩中终结的情形：恒星、星系和尘埃云被卷入一个黑洞，形成一个明亮的旋涡。

为其他因素。20 世纪 90 年代末，由加州劳伦斯伯克利国家实验室（Lawrence Berkeley National laboratory）的索尔·珀尔马特（Saul Perlmutter）领导的一个国际天文学家团队进行的观测显示，宇宙似乎充满了所谓的“暗能量”。这种能量可能占宇宙总质量的 70%，对于宇宙加速膨胀具有异乎寻常的影响。

首次提出暗能量的概念是在广义相对论发现后不久，它被称为“宇宙常数”。具有讽刺意味的是，它最初被提出来，是为了反对膨胀宇宙理论模型的。这是在哈勃和休马森发现宇宙膨胀是一个真实的效应之前发生的。暗能量以与原始宇宙常数相反的数学符号进入现代理论，因此，暗能量非但没有阻止膨胀，反而加速了膨胀，而且使宇宙永远膨胀下去。

如果宇宙空间充满了暗能量——或者宇宙密度参数 Ω 小于或等于 1，我们就能从大塌缩中幸存下来，但这对我们没有什么好处。如果宇宙永远膨胀，物质的密度和其中的辐射最终

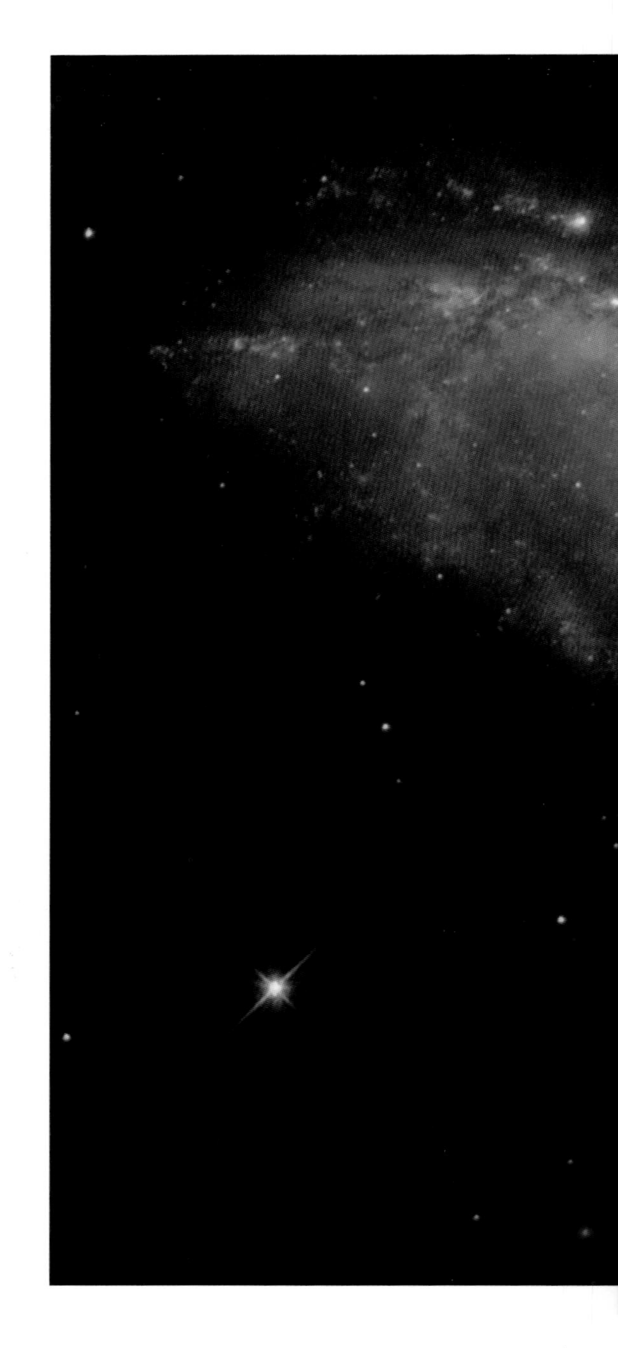

☆ 1917 年，阿尔伯特·爱因斯坦首次引入宇宙常数，后来又将其去掉，称其为“最大的错误”。

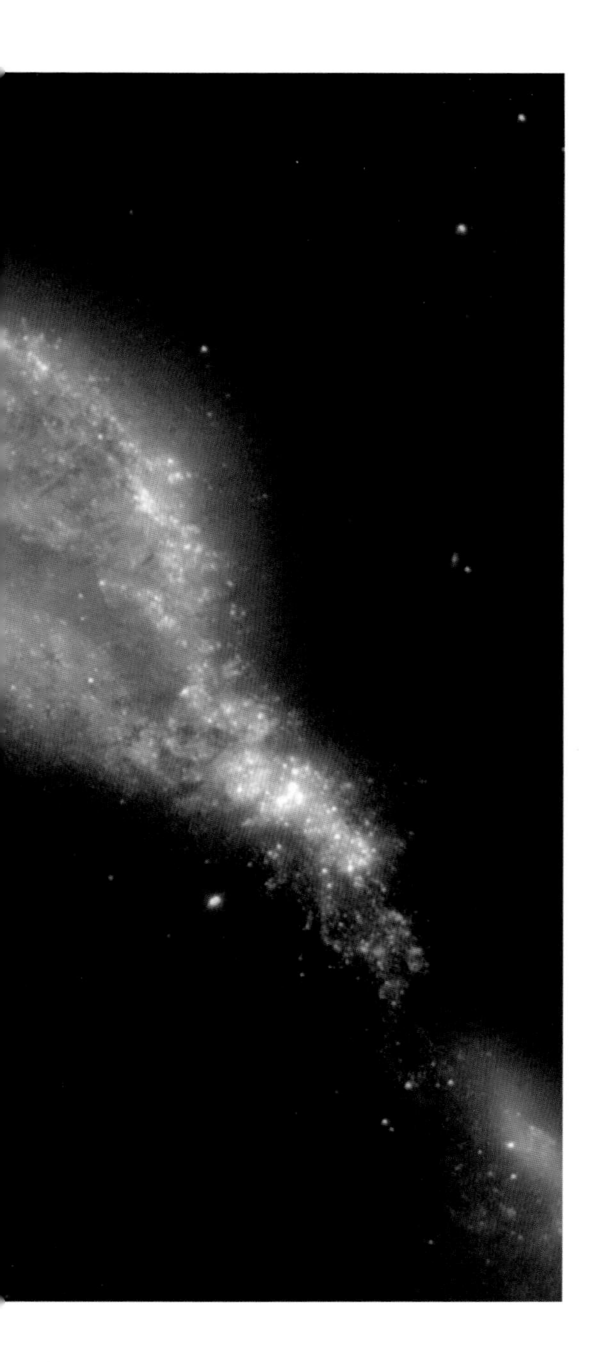

注定会减少到零。恒星将会燃烧殆尽，星系将逐渐熄灭。最终，即使是最基本的物质粒子也会消失，只留下广阔、无尽的黑暗。这种关于宇宙命运的设想被宇宙学家称为“热寂说”。

最后的宿命

目前，宇宙正处于所谓的恒星纪元——恒星时代。在热寂模型中，这个宏大宇宙时代的终结将在大约 1 万亿年后开始。到那时，形成恒星的原始物质（氢气和氦气）将会耗尽，以至于没有任何东西可以用来制造新一代的恒星。不久之后，最后一代恒星消失，宇宙进入一个新的黯淡时代，称之为“简并纪元”（degenerate era）。

简并态指的是物质的一种非常致密的状态，在这种状态下亚原子粒子极其紧密地聚集在一起。简并纪元的宇宙主要由高密度的白矮星和中子星组成，而它们几乎都是由简并态物质组成的恒星遗骸。

左图：**随着大塌缩的发生和空间自身的坍塌，星系会越来越近，最终发生碰撞。这里显示的是哈勃太空望远镜观测到的星系碰撞。**

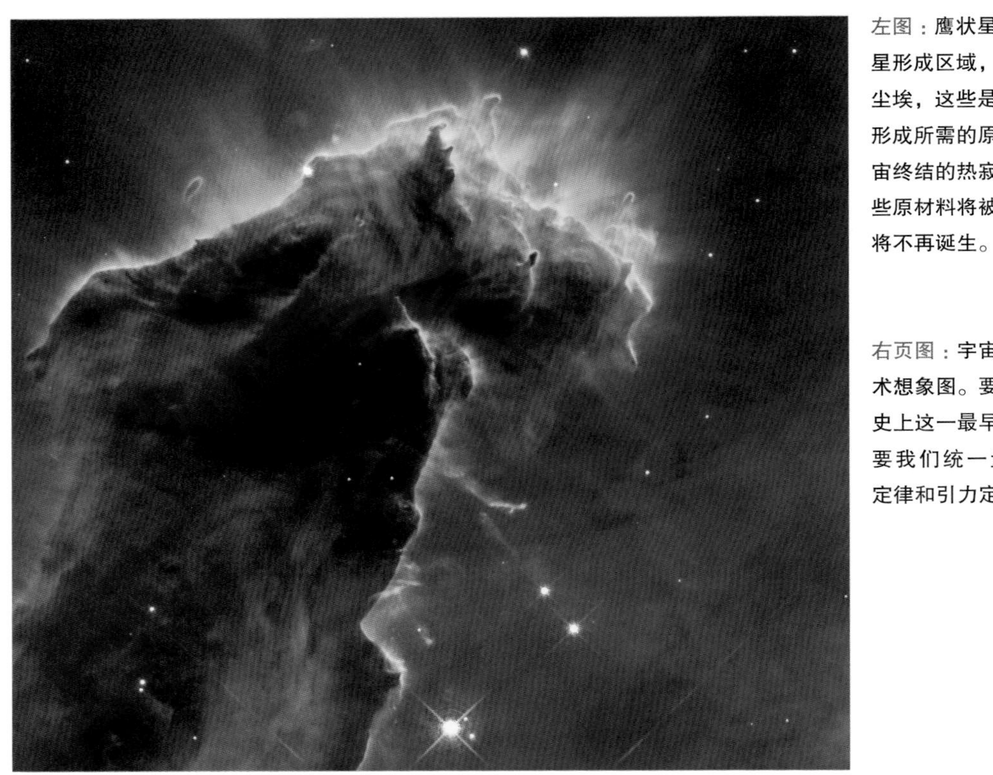

左图：**鹰状星云是一个恒星形成区域，富含气体和尘埃，这些是新一代恒星形成所需的原材料。在宇宙终结的热寂场景中，这些原材料将被耗尽，恒星将不再诞生。**

右页图：**宇宙大爆炸的艺术想象图。要理解宇宙历史上这一最早的时刻，需要我们统一量子物理学定律和引力定律。**

但即使这样也不是永恒的。宇宙在庆祝它的涧（10^{36}）岁生日时，白矮星和中子星也将消失。它们和宇宙中的大多数暗物质，以及任何残余的气体、尘埃和行星，将被如今潜伏在大多数星系中心的黑洞所吞噬。剩下的任何质子或中子都将衰变为辐射和其他粒子，而这些粒子反过来也会被黑洞所吞噬。事实上，现在唯一剩下的只有这些宇宙垃圾收集器，宇宙已进入黑洞时代。

这个宇宙时代持续了令人难以置信的 10^{100} 年——也就是 1 后面有 100 个零。相比之下，我们今天生活的宇宙只有 10^{10} 岁。在黑洞时代末期，黑洞本身会在粒子和辐射的作用下蒸发（这一过程是物理学家斯蒂芬·霍金在 20 世纪 70 年代初发现的）。最终，随着宇宙继续膨胀和冷却，这些粒子和辐射的浓度逐渐稀释到零。在那一刻，空间真的是空的，宇宙也已经死亡。

知识的增长

一些科学家认为科学已接近尾声。他们说，我们已经没有什么东西可以去发现。然而，许多人认为在 100 多年前，也就是量子理论和相对论提出之前，科学或多或少已经是完整的。量子理论和相对论是现代科学的两大基石，没有它们，几乎不可能想象今天的现代物理学。如果历史可以作为参照的话，很有可能还有很多东西有待我们去发现，对整个宇宙来说尤其如此。

现代宇宙学的圣杯，更不用说粒子物理学了，就是要找到一种把四种自然力（引力、电磁力、强核力和弱核力）统一起来的基本理论。如今，这些作用力以独特的形式存在。但在大爆炸后的最初时刻，它们交织在一起，形成了一个超力。当宇宙大爆炸的火焰达到最炽热的时候，正是这种超力控制着宇宙的行为。这就是为什么我们必须认真对待它的原因。

当年轻的宇宙膨胀和冷却时，每种自然力一个接一个地从超力中剥离出来——先是引力，然后是强核力，接着是弱核力。20 世纪 60 年代，科学家们未发现了电磁力和弱核力如何相互统一起来，即所谓的电弱统一理论，现在该理论已经发展得非常成熟。科学家们目前也大致了解强核力又如何与它们统一起来，但真正棘手的是引力。

引力的问题

引力决定了宇宙如何膨胀。然而，将宇宙膨胀往回追溯，直至一个点，那时的宇宙极其微小，因此也一定受到非常微小的物理定律支配：量子物理学。这意味着，为了理解极早期宇宙，我们必须以某种方式把引力定律和量子物理学结合起来。问题是量子力学定律似乎与我们今天最好的引力理论（爱因斯坦的广义相对论）完全不相容。但是为什么呢？

量子理论可以说是一种黑色艺术，物理学家利用一种叫作“重整化（Renormalization）”的技术来解释量子计算的结果。有时候，量子力学理论的方程式会给出无穷大的答案——数字大到不可能是真实的。重整过程消除了这些不必要的无穷大，并且只保留了更易于处理的、有限值的答案。这种方法听起来有点含糊其词，而且一贯如此，但是却有效地解释了很多问题。因此，物理学家在想出更好的方法之前，还是很乐于使用它的，至少现在是这样。

但是，不管怎么努力，却依然无法通过重整化消除基于广义相对论的量子引力理论中出现的无穷大。量子物理学和广义相对论似乎无法统一起来。

这个问题导致许多物理学家研究出一些令人惊愕的新理论。在极早期宇宙的高能条件下，这些新理论又衍生出各自版本的量子引力论。这些理论包括超对称性理论，它假定不同的亚原子粒子之间存在关联。弦理论则是另一种可能的理论，它假定所有那些通常被认为是亚原子粒子的东西实际上都是由微小的振动环或能量弦构成的。要让弦理论起作用，必须有10 维或 26 维的空间，这取决于你使用哪个版

上图：太阳的弱引力（左部）对宇宙空间结构几乎没有影响。致密的中子星（中部）形成较大的凹痕，而黑洞（右部）在宇宙空间中留下一个深坑。

本的理论。更奇怪的是 M 理论（M-theory），该理论的核心是“膜”（membranes）——类似于弦的东西，但从一维空间扩展到二维空间中，从而创造出量子大小的“能量片”，大家所熟悉的亚原子粒子就是从这些“能量片”中形成的。

在今天宇宙能量较低的地方（引力的量子一面没有显现出来），这些理论中的一些可以归结为广义相对论。然而，一些理论引出了更奇异的低能量引力理论。在这些理论中，支配引力的基本自然“常数”在整个空间甚至时间中都可能发生微妙的变化。这些引力变化可能非常微小，以至于它们可能存在而我们不知道它们在那里。

发现之旅

美国宇航局发射引力探测器 B[11]，其任务是研究广义相对论中仅存的几个未经验证的预言之一，这种效应被称为参考系拖拽（frame dragging）。这就是说，旋转的巨大物体在移动时应该会拖拽周围的空间。引力探测器 B 位于地球轨道上，使用一组四个高精度石英陀螺仪寻找环绕地球的参考系拖拽效应。

一些物理学家认为，如果引力确实偏离了广义相对论的预测，那么这些偏离应该会以引力旋涡的方式表现得最为强烈。因此，如果相

左图：哈勃太空望远镜指向旋涡星系 M100（NGC 4321）。该望远镜于 1990 年发射升空，它的出现为光学天文学带来了巨大的变革。

右页图：计算机模拟宇宙弦几何网络。这些网络描述了宇宙诞生不到 1 秒时的样子。

对论真是错的，关键证据应该被锁定在参考系拖拽效应中，引力探测器 B 应该有很好的机会把它们萃取出来。建立正确的主导当今宇宙的引力理论，将是揭开完整的主导宇宙大爆炸的量子引力理论的重要一步。

在未来的几年里，更多的太空任务，以及地面上的天文台和实验，有望揭示现代宇宙学的一些其他未解之谜。例如，宇宙的 90% 真的是以看不见的暗物质的形式存在吗？如果是的话，这个物质到底是由什么构成的呢？宇宙真的会永远膨胀吗？还是会在一次大塌缩中再次坍塌？到底是什么事件导致宇宙暴胀？暴胀在整个空间中产生的物质密度不均匀的精确形式是什么？那么星系究竟是如何从这些不均匀中成长起来的呢？

对于那些日日夜夜拼凑我们的宇宙图景的天文学家和物理学家来说，最令人兴奋的发现可能是他们无法预测的，或者说来自偶然的发现。然而，许多理论家已经探索过并仍在探索物理学定律，试图对这些意外发现进行各种猜测。他们已经发现了宇宙中一些奇怪的可能性——其中一些可能是真实的。

奇怪的可能性

一些天体物理学家认为，我们的宇宙可能是由非常细长的“弦”纵横交错而成的。他们讨论的不是普通意义上的弦，而是大爆炸遗留下来的、长得像管子一样的高能物质。这些物质被称为“宇宙弦”。科学家们估计，可见宇宙可以容纳多达 1 000 个环状的闭合弦，并使大约 10 条开放的弦横跨其中。每根弦的厚度被认为和原子相当，但由于它的密度非常之大，以至于 1 米长的弦就和地球一样重。

排列方式

弦被认为是在宇宙早期的相变过程中形成的，在宇宙大爆炸后的 10^{-37} 秒。相变代表了任何物质特性的大规模转变——无论是早期宇宙的物质还是像水这样简单的东西。例如，当气态水（蒸汽）冷却时，它在凝结成液态水时经历相变。继续冷却，它会经历另一个相变，变成固态冰。

当一桶水结冰时，冰晶开始在水的任意位置形成。晶体生长，直到它们与其他晶体发生碰撞。当它们全部相遇时，整个桶的水都冻结了，相变过程就完成了。任何一个冰晶内的水分子都是沿同一方向排列的，但这个方向对桶里的每一块晶体都不一样。这就形成了晶体结合的边界，标志着冷冻水分子排列不同的区域。

在冰桶中，3 种不同排列方式的区域相遇的任何地方，它们之间的边界都呈线状。类似地，当宇宙经历相变时，不同排列方式的区域也可以用类似线一样的边界来划分。正是这些线状的边界被称为宇宙弦。

宇宙相变标志着自然力的分离，当宇宙膨胀和冷却时，自然力成为不同的实体形式。在宇宙的不同区域，力的分离方式略有不同。每个地区的“方式”可以被认为是其特定的排列方式。

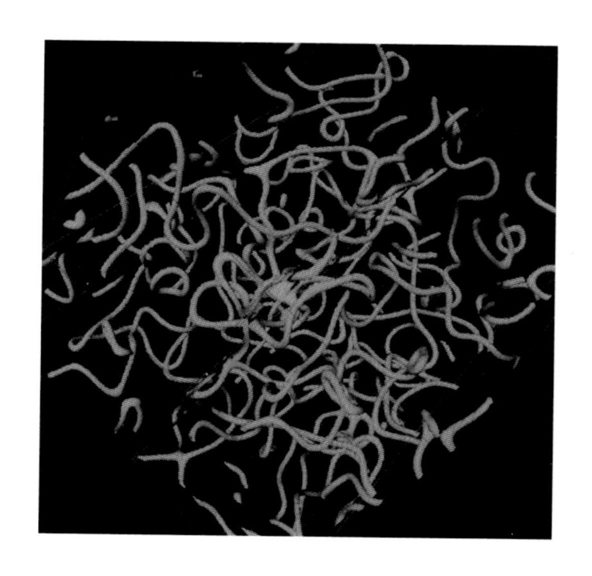

弦只是几个宇宙边界物体之一，被称为“拓扑缺陷”（topological defects）。当两个不同的宇宙排列区域聚在一起时，形成了一个二维片状拓扑缺陷，称为“拓扑畴壁”（topological domain wall）。四个区域相遇产生一个点状缺陷，称为“单极子”（monopole）。

弦是最有趣的缺陷类型，因为一些宇宙学家认为弦是密度不均匀的另一种来源，这种不均匀在宇宙微波背景辐射中是可见的，星系由此形成。当每根弦在空间中移动时，它的引力会吸引附近的物质，将物质聚集成巨大的薄片（sheet），这些薄片会像轮船尾流一样拖在弦的后面。然后，这些薄片会通过自身的引力吸引更多的物质。根据理论，这些物质堆积足够多时，最终会形成星系。

大多数宇宙学家现在认为这种情况是不可能的。美国宇航局发射的 COBE 探测器等对宇宙微波背景辐射的研究表明，这种不均匀的实际形态与弦理论预测的不一致。相反，大多数人认为导致星系的密度不均匀是由暴胀引起的（见第 2 章）。

☆ *在地面实验室里，类似宇宙弦的物体在液晶中形成。*

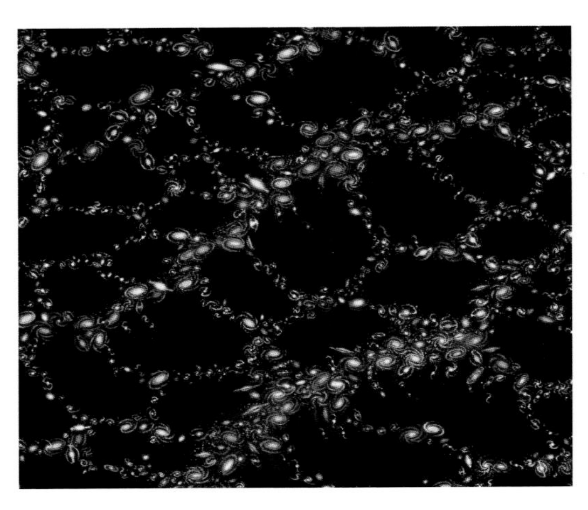

上图：**计算机绘制的星系分布图，物质的薄片和细丝被巨大的空洞隔开。**

右页图：**技术人员在瑞士粒子物理实验室（CERN）测试大型强子对撞机（Large Hadron Collider，LHC）粒子加速器的磁铁。**

多维空间（Hyperspace）

我们习惯于生活在一个只有三维空间的宇宙中。一些理论物理学家提出，在我们的视野之外，可能存在额外的空间维度。“多维空间”的概念在科幻小说中被魔幻了。但这是基于科学事实吗？

1919 年，德国物理学家西奥多 · 卡鲁扎（Theodor Kaluza）首次将多维空间纳入严肃的科学理论中。他意识到爱因斯坦的广义相对论和詹姆斯 · 克拉克 · 麦克斯韦（James

Clerk Maxwell）的电磁学理论可以在数学上巧妙地结合起来。这里只有一个小问题：就是需要一个额外的空间维度，使得包括时间在内的维度总数达到 5 个。1926 年，瑞典物理学家奥斯卡 · 克莱因（Oscar Klein）对卡鲁扎的想法进行了修改，使之符合量子物理学的新学科。这个被称为卡鲁扎 - 克莱因（Kaluza-Klein）理论结果，基本上说的是电磁学可以归结为在第五维度上发生的有趣的事情。

今天，卡鲁扎 - 克莱因理论仍然存在，但它们的现代化身为弦理论（与宇宙弦理论无关）和 M 理论。这一范围已经远远超出了电磁力和引力的统一，还包括弱核力和强核力。在某些情况下，这使得额外空间维度的数量从 1 个增加到接近 30 个。

如果额外的卡鲁扎 - 克莱因空间维度真实存在的话，我们未能看到它们，是因为它们被紧紧地卷了起来，或者用物理学的语言来说，是“紧致化”（compactified）。一张二维的纸可以通过把它紧紧地卷起来放在一定的距离上来压缩——这样做的话，它看起来就是一维的。物理学家认为，如果存在额外空间维度，它们也会被卷成圆柱体，直径小于原子核的大小。这就是为什么我们看不到它们的原因。

目前还没有关于多维空间的直接观测证据。但是瑞士欧洲核子研究中心的大型强子对撞机（LHC），这是一个强大的粒子加速器，可以改变这一现状。LHC 于 2005 年投入使用，它的灵敏度很高，能够探测到某些类型的亚原子粒子在紧致化的额外空间维度内振动时产生的回声。它的发现可能会改变我们对支撑宇宙的时空结构的看法。

镜像宇宙

粒子物理学，特别是某些版本的弦理论提出了一个令人吃惊的可能性，那就是我们整个宇宙可能有一个孪生兄弟——一个叠加在自身之上的镜像。这个观点出现在 20 世纪 80 年代。如果这些理论是可信的，那么这个镜像世界充满了一种奇怪的物质——“镜像物质”，它只通过引力与我们宇宙中的物质相互作用。自然界的其他力——电磁力、强核力和弱核力，都不能从镜子的一边穿透到另一边。因此，光本身就是电磁学的一种表现形式，不能穿过镜子，所以镜像物质是看不见的。

1999 年 2 月，科学家利用这一事实推测，镜像物质可能构成宇宙暗物质的大部分。马里兰大学的拉宾德拉·莫哈帕特拉（Rabindra Mohapatra）和维克多·特普利茨（Vigdor Teplitz）声称，星系的光环可能是围绕由镜像物质组成的一群恒星团的轨道运行，星团中每颗恒星的质量约为太阳的一半。

有初步证据表明，镜像物质可能确实存在。1990 年，密歇根大学的物理学家们制造了正原子（positronium，或 positron）——每个正原子都由一个带负电荷的电子围绕一个反电子旋转而成。他们制造的正原子是不稳定的，应该在 7.04×10^{-12} 秒后衰变。但密歇根大学研究小组发现，正电子的寿命要短 0.1% 左右。

2000 年 5 月，欧洲核子研究中心的谢尔盖·格尼年科（Sergei Gninenko）和墨尔本大学的罗伯特·富特（Robert Foot）发表了一项理论，可以解释这一观察结果。他们计算出正原子应该在我们的宇宙和镜像世界之间来回跳跃。在任何时候，镜像世界中的正原子数量都在减少，从而降低了我们宇宙中的正原子数，从而使正原子看起来衰变得更快。富特和格尼年科计划进一步开展研究。

上图：**多重宇宙。一个艺术家对平行宇宙的印象，通过虫洞来连接多维空间。**

右页图：**平行宇宙。每个宇宙就像一个气泡，恒星和星系分散在其表面。**

一个额外的宇宙可能并不是太多。但是，一些宇宙学家越来越相信，我们的宇宙也许只是平行宇宙网络中的众多宇宙之一，这个平行宇宙网络被称为多元宇宙。

多元宇宙

任何在电视上看过《星际迷航》(*Star Trek*)或《旅行者》(*Sliders*)的人都对平行宇宙的概念很熟悉——除了略有不同之外，其他的世界几乎和我们的世界一样。在一些平行宇宙中，你可能已经写了这本书，而我将是那个试图理解这一切的读者。在另一些平行宇宙中，你或我可能根本不存在。或者在其他平行宇宙中，地球上的生命可能永远没有出现。但在现实中是否存在平行宇宙呢？一些物理学家也在考虑这样的问题。1957 年，普林斯顿大学学生休·埃弗雷特（Hugh Everett）第一次基于科学提出了这个想法。

多重宇宙

埃弗雷特提出了一种能够解释量子理论所引发结果的新方法。量子力学世界中的定律只

与概率有关。他们不能确定地说“某粒子会在这里”，但只能说，“某粒子有一定的概率在这个区域出现”。

粒子在空间中任何给定点被发现的概率是由所谓的量子波函数决定的。这是一条摇摆不定的二维曲线，看起来有点像池塘上的涟漪。空间中任意一点上涟漪的高度给出了在该点上找到粒子的概率。

当通过实验测量粒子时，它的位置突然变得很明确，那么概率不再适用。波函数随后被称为“坍缩”——量子物理本质上是关闭的，波函数波动变平，取而代之的是粒子所在位置的一个尖峰。自 20 世纪 20 年代以来，波函数的塌缩一直是物理学家们兜售量子理论传统解释的核心支柱。

但埃弗雷特有别的想法。他的核心观点是存在不同的宇宙，正如应用于亚原子粒子的位置测量，对应于粒子可能占据的不同位置。在我们测量之前，这些不同的宇宙都是相互叠加的。所有可能的粒子位置都会重叠，这就形成了粒子的波函数。这些不同的宇宙被称为“干涉”。但是，当进行测量时，这种干涉就被破坏了。所有的宇宙开始分裂，并分道扬镳。然后，只剩下其中一个宇宙，进行测量的人看到粒子就像在这个剩余的宇宙中一样，只有一个确定的位置。

埃弗雷特认为，宇宙之间的这种相互干涉是量子概率概念模糊的原因。例如，假设有 1 000 个宇宙中亚原子粒子处于位置“a”，而只有 10 个宇宙中亚原子粒子处于位置“b”。当粒子被测量时，这种干涉被打破，我们在 1 000 个位置为“a”的宇宙中发现自己的可能性是粒子处于“b”位置的 10 个宇宙之一中的 100 倍。

如果埃弗雷特的观点是正确的，那么我们的宇宙只是物理学家称之为多元宇宙的永恒分

左页图：众所周知，行星地球是宇宙海洋中的一滴水。但是，如果多元宇宙的观点是可信的，那么我们的整个宇宙在事物的结构中同样是微不足道的。

右图：一些宇宙学家认为宇宙可以是平坦的，甚至是球形的；其他人则提出了它是甜甜圈样奇怪形状的可能性。

支上的一根小树枝。每次发生量子事件时，多元宇宙就会分支到事件的每个可能结果中。我们自己的宇宙仅仅遵循其中一个分支。想想地球上、太阳系中、银河系中和宇宙中的所有原子和其他量子粒子，想想每秒钟必须发生多少量子事件。现在回想一下，宇宙大爆炸已经过去了 10^{18} 秒会发生多少量子事件。多元宇宙真的非常巨大！

埃弗雷特所谓的“多重宇宙论”对量子理论的解释之所以吸引人，是因为它避开了哲学上的小问题，比如在坍缩波函数的观点中，为什么量子物理学在进行测量时突然中断。在多重宇宙论中，它其实并没有关闭：测量的行为只是破坏了导致量子效应的宇宙之间的干扰。

☆ 多元宇宙理论的证据来自理论计算。科学家们正在建造量子计算机，这是一种利用平行宇宙中同类计算机的计算能力的设备。

人性的空间

一些物理学家提出，多重宇宙可以为构成大爆炸基础的引力量子理论提供一个基础。另一些人则表示，它能够提供一种摆脱悖论的方法，比如回到过去、在你出生之前杀死你的父母之一等，这些悖论一直困扰着设计时间机器的理论尝试。多重宇宙的支持者会说，你回到的是另一个宇宙的过去，所以你的行为对你留下的宇宙不会产生任何影响。

一些研究人员甚至认为，多重宇宙中平行宇宙的量子物理学可以帮助解释我们的存在。

上图：**剑桥大学的马丁·里斯（Martin Rees）教授研究我们的宇宙是否是众多“宇宙”之一。**

右页图：**斯蒂芬·霍金教授对理解我们的宇宙和宇宙之外的世界做出了巨大的贡献。**

人类的宇宙

1957 年，普林斯顿物理学家罗伯特·迪克（Robert Dicke）发表了一篇科学论文，其中他基于生物学原理对宇宙的尺度进行了限制。他向我们展示了如果生命要在宇宙中进化，那么宇宙必须具有一定的规模。

由于我们人类存在的既成事实，宇宙中发生的一切都必须与生命的出现相一致，这一观点已被称为“人择原理”。它是一个强大的演绎工具。同样在 1957 年，由英国天文学家弗雷德·霍伊尔（Fred Hoyle）爵士领导的一个小组利用这一原理正确地预测了迄今为止未知的核反应的存在。当这个核反应在恒星内部发生时，它会产生碳。如果没有这个核反应，地球上生命所需的大量碳也就无法产生。

英国皇家天文学家、剑桥大学教授马丁·里斯（Martin Rees）爵士在他 1999 年出版的《六个神奇数字》（*Just Six Numbers*）一书中进一步阐述了这一观点。他认为，生物因素限制了整个宇宙的性质，以至于它似乎经过了“微调”，以便生命能够在其中出现。

里斯认为，大尺度宇宙是由 6 个关键参数（数字）所定义的，这些参数实际上是用字母表示的：D，宇宙中没有被压缩的空间维度的数量（见第 86-87 页）；N，电磁力和引力的相对强度；E，核反应释放的能量；Q，星系形成的微波背景中不均匀结构的大小；希腊字母 λ，代表弥漫空间中暗能量的总量（见第 66-67 页）；最后 Ω，宇宙密度参数。里斯认为，如果这些参数中的任何一个与它们的观测值相差很大，我们就将不复存在。

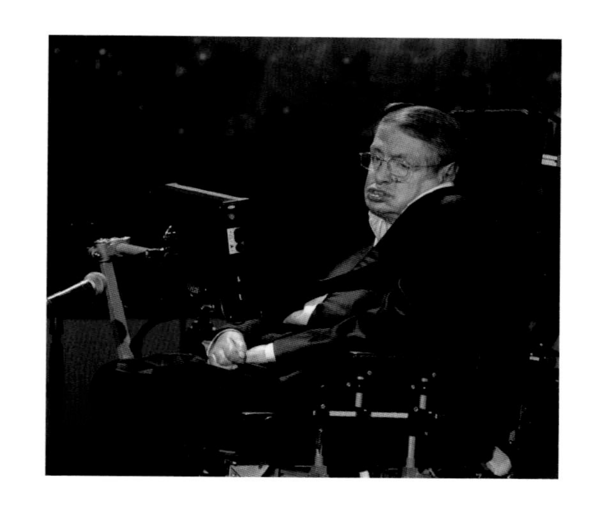

人类的处境

里斯认为宇宙的微调可以在多重宇宙的框架内自然地得以解释。在一个宇宙的情况下，微调将是一个巨大的巧合；在多重宇宙中并非只有一个宇宙存在，而是有很多个。每个宇宙都有这 6 个神奇参数的不同取值。所以在某个地方，总会存在一个由适合我们居住的参数构成的宇宙。这并不是巧合，我们只是找到了属于自己的地方，因为我们不可能存在于其他任何地方。

这样的基本论点看起来似乎有点黯淡。地球上的生命，或者我们在宇宙中的地位，并没有什么天生的特别之处。我们被困在这里没有任何目的。我们只不过是在多重宇宙中的一个碰巧适宜居住的角落里，出现的一种合适的化学物质混合物。

但就物种而言，我们并没有做得那么糟。我们已经揭开了自己起源的秘密——大爆炸理论，这是值得骄傲的。正如物理学家兼作家斯蒂芬·霍金 (Stephen Hawking) 曾经说过的那样：“我们只是一颗普通恒星的一颗小行星上的一种高级品种的猴子，但是我们能够理解宇宙。这让我们很特别。”

☆ 物理学家理查德·费曼（Richard Feynman）曾将理解宇宙比作学习国际象棋：你能很快掌握规则，但要成为一名大师，还有很长的路要走。

注释

[1] 根据2013年欧洲航天局普朗克卫星传回的宇宙微波背景辐射全景图，得到迄今为止最精确的宇宙年龄为（137.98 ± 0.37）亿年。

[2] “混沌初开，乾坤始奠，气之轻清上升者为天，气之重浊下凝者为地。”——明·程登吉《幼学琼林》

[3] 梅西耶天体指由18世纪法国天文学家梅西耶所编的《星云星团表》。梅西耶本身是个彗星猎人，他编辑这个天体目录是为了把天上形似彗星而不是彗星的天体记录下来，以便他寻找真正的彗星时不会被这些天体混淆。1774年发表的《星云星团表》第一版记录了45个天体，编号由M1到M45，1780年增加至M70。翌年发表的《星云星团表》最终版共收集了103个天体，编号至M103。现在梅西耶天体有110个，M104至M110是后人把由梅西耶及他朋友梅襄（Pierre Méchain）所发现而未被编入《星云星团表》的天体所加入的。

[4] 造父变星（Cepheid variable star）是一类高光度周期性脉动变星，也就是其亮度随时间呈周期性变化，因仙王座δ（或称造父一）而得名。由于根据造父变星周期-光度关系可以确定星团、星系的距离，因此造父变星被誉为“量天尺”。

[5] 建成于1897年的叶凯士望远镜是史上口径最大（1米）的折射式望远镜。目前世界上最大的光学望远镜是西班牙拉帕尔玛岛的加那利大型反射式望远镜（GTC），它的直径是10.4米。未来还有更大的欧洲极大望远镜（E-ELT，直径40米）和三十米望远镜（TMT，直径30米）正在筹建之中。

[6] 欧洲核研究组织，是世界领先的粒子物理实验室之一。该组织位于法国和瑞士边境，总部设在日内瓦。

[7] 能级跃迁对应特定频率的无线电波，而在兰姆移位中观测到频率发生了移位，所以能级有移位。

[8] 回力镖计划全称为毫米波段气球观天计划（BOOMERanG experiment，Balloon Observations of Millimetric Extragalactic Radiation and Geophysics），是3次以高空气球在次轨道飞行测量部分天区宇宙微波背景辐射的实验。这是首度以巨大的、高传真放大影像观测宇宙微波背景温度各向异性的实验，使用一架飞行在42千米高的望远镜，大气层对微波的吸收降至极低。虽然仅能扫描天空中极小的一块区域，但与卫星探测比较，

成本降低了很多。第一次飞行实验于 1997 年在北美洲完成，后续 1998 年和 2003 年的两次飞行都在南极洲的麦可墨得基地开始，利用极地涡旋的风在南极盘旋了两个星期之久，这个望远镜也因此得名回力镖。

[9] 威尔金森微波各向异性探测器（Wilkinson Microwave Anisotropy Probe）是美国宇航局的人造卫星，于 2001 年 6 月 30 日发射升空，目的是探测宇宙中大爆炸后残留的辐射热。2003 年，美国宇航局公布了一幅根据威尔金森微波各向异性探测器数据绘制的婴儿宇宙地图。观测的数据证明，宇宙约拥有 138 亿年历史，由约 23%的暗物质、72%的暗能量以及 5%的普通物质组成。

[10] 暗物质粒子探测卫星（DArk Matter Particle Explorer，简称 DAMPE），命名为“悟空”，是中国第一个空间望远镜，用于探测暗物质，于 2015 年 12 月 17 日在酒泉卫星发射中心搭载“长征二号丁”运载火箭升空。探测卫星装有塑闪阵列探测器、硅阵列探测器、BGO 量能器、中子探测器，是现今观测能段范围最宽、能量分辨率最优的暗物质粒子空间探测器，它的观测能段是安置于国际空间站的阿尔法磁谱仪的 10 倍，能量分辨率比其他同类探测器还要高出 3 倍以上。2017 年 11 月 30 日，中国科学院发布，悟空卫星发现这可能是暗物质存在的证据。目前“悟空”运行状态良好，正持续收集数据。毫无疑问，暗物质未来将会为物理学带来一场崭新的革命。

[11] 引力探测器 B 是美国宇航局在 2004 年 4 月 20 日发射的一颗科学探测卫星，任务是测量地球周围的时空曲率，以及相关的能量 – 动量张量，从而对爱因斯坦的广义相对论的正确性和精确性进行检验。总体而言，这项任务包括对地球引力场中的两种广义相对论效应进行测量：参考系拖拽和测地线效应。实验的主要目标之一是高度精确地测量放置于一颗距地面 642 千米的极轨道人造卫星上 4 个陀螺仪的自旋方向改变。这些陀螺仪远离一切可能的扰动，从而提供了一个近于完美的时空参考系。通过对这些陀螺仪自旋方向的测量，可以了解到时空在地球的存在下是如何发生弯曲的，以及更进一步地测量到地球的自转是如何“拖拽”周围的时空随之一起运动的。实验的另一主要目标是测量地球引力场中的测地线效应。这种效应来自地球引力场中时空曲率的改变，从而陀螺仪的自转轴在地球引力场中进行平行输运时，在地球自转一周的范围内并不会保持同一方向，最终影响结果是造成陀螺仪的进动。从引力探测器 B 的陀螺仪测得的数据，清晰地证实了爱因斯坦的理论对测地线效应的预言误差低于 0.5%。不过由于参考系拖拽效应要比测地线效应弱 170 倍，斯坦福的科学家们仍然在致力于从航天器的数据中萃取它的本征信息，相关结论已发表在国际物理学重要学术期刊《物理评论快报》上。

图片来源

封面：Shutterstock/kerenby

扉页（数字为页码）：
4 SPL/Henning Dalhoff/Bonnier Publications

正文部分：

1. 追本溯源

6 The Art Archive/British Museum/Eileen Tweedy.
9 huitu.com/tian8285. **10**（上图）Ann Ronan Picture Library;（下图）The Art Archive/Galleria degli Uffizi/Daglia Orti. **11** The Bridgeman Art Library/Louvre, Paris, France. **12-13** AAO. **14** The Art Archive/British Library. **15** The Bridgeman Art Library/Private Collection. **16-17** Anglo-Australian Observatory/Photograph by David Malin. **18** Hulton Getty. **19**（上图）Galaxy Picture Library;（下图）Julian Baker. **20**（上图）Hale Observatories, courtesy AIP Emilio Segre Visual Archives;（下图）Galaxy Picture Library. **21**（左图）The Hale Observatories, courtesy AIP Emilio Segre Visual Archives;（右图）SPL/Peter Bassett. **22**（左图）AIP Emilio Segre Visual Archives, Shapley Collection;（右图）AIP Emilio Segre Archives. **23**（上图）SPL/David Parker;（下图）Julian Baker. **24**（上图）ESA;（下图）Julian Baker.
25 ESA/M.P. Ayucar, CC BY-SA 3.0 IGO. **26** Corbis/Bettmann. **27**（左图）Corbis/ Hulton-Deutsch Collection;（右图）SPL/A. Barrington Brown.

2. 现代宇宙

28 SPL/Patrice Loiez, CERN. **31** Galaxy Picture Library/STScI/NASA. **33** SPL/Dr G. Efstathiou. **34** Science Photo. **35** SPL/Mehau Kulyk. **36** Julian Baker. **37** Julian Baker. **38** SPL/Sally Bensusen. **39** SPL/CERN. **40** britannica.com. **41** SPL/Mullard Radio Astronomy Laboratory.
42-43 Julian Bake. **44-45** STScI/NASA. **46-47** SPL/Ducros/Jerrican. **48** SPL/Mark Garlick. **49** Julian Baker.

3. 瑕瑜互见

50 SPL/Yannick Mellie. **53** Corbis/Bettmann. **54** SPL/Frank Zullo. **55** Corbis/Roger Ressmeyer. **56**（上图）SPL/NASA;（下图）SPL/NASA. **57** SPL/CERN. **58** SPL/Ken Eward. **59** SPL/Celestial Image Co. **60** Corbis. **61** Corbis. **62** Carnegie Science. **63** SPL/Luke Dodd. **64-65** NASA/ESA/Johan Richard (Caltech, USA). **66** SPL/ NASA. **67** SPL/David Parker. **68** SPL/Lynette Cook. **69** Corbis/Reuters NewMedia Inc. **70** SPL/STScI/NASA. **71** Julian Baker.

4. 未知之路

72 ST-ECF/ESO/Germany. **75** SPL/Mehau Kulyk.
76 Photograph by Richard Erens, courtesy AIP Emilio Segre Visual Archives. **77** SPL/Chris Butlere. **78-79** STScI/AURA/NASA. **80** DRK Photo/NASA OSF. **81** SPL/Julian Baum. **82-83** SPL/Julian Baum. **84** SPL/Chris Butler.
85 Nick Ball/Mark Hindmarsh/Graham Vincent/Sussex University. **86** SPL/Lynette Cook. **87** SPL/David Parker.
88 SPL/Tony Craddock. **89** SPL/Julian Baum. **90** SPL/David Parker. **91** SPL/Roger Harris. **92** Professor Sir Martin Rees. **93** NASA/Paul. E. Alers.